别让自己❤太累

做自己的心理咨询师

张觅音◎著

中国财富出版社有限公司

图书在版编目（CIP）数据

别让自己心太累：做自己的心理咨询师／张觅音著 . —北京：中国财富出版社有限公司，2021.3（2022.4 重印）

ISBN 978 - 7 - 5047 - 7379 - 1

Ⅰ.①别…　Ⅱ.①张…　Ⅲ.①心理学—通俗读物　Ⅳ.①B84 - 49

中国版本图书馆 CIP 数据核字（2021）第 045299 号

策划编辑	谢晓绚　王桂敏	**责任编辑**	邢有涛　刘静雯		
责任印制	梁　凡	**责任校对**	张营营	**责任发行**	白　昕

出版发行	中国财富出版社有限公司	
社　　址	北京市丰台区南四环西路 188 号 5 区 20 楼	**邮政编码**　100070
电　　话	010 - 52227588 转 2098（发行部）	010 - 52227588 转 321（总编室）
	010 - 52227566（24 小时读者服务）	010 - 52227588 转 305（质检部）
网　　址	http：//www.cfpress.com.cn	**排　　版**　宝蕾元
经　　销	新华书店	**印　　刷**　宝蕾元仁浩（天津）印刷有限公司
书　　号	ISBN 978 - 7 - 5047 - 7379 - 1/B · 0564	
开　　本	880mm×1230mm　1/32	**版　　次**　2021 年 4 月第 1 版
印　　张	6	**印　　次**　2022 年 4 月第 3 次印刷
字　　数	109 千字	**定　　价**　45.00 元

目 录
contents

PART 2　自我疗愈："心"的安抚与平衡 / 55

PART 1

自我诊断:"心"的健康问题

01 都是压力惹的祸

生活在大都市的人，生活节奏快，工作压力大。对于头疼脑热等小毛病，只要不是身体难以承受，大概都不会去看医生，一来怕麻烦，二来实在没时间。身体疾病尚且忽视，更何况心理疾病。许多人戴着"面具"去工作、去社交、去休闲，不愿正视自己的心理问题，可能已成疾却不自知。你有过焦虑、恐惧或沮丧吗？如果答案是肯定的，请翻开这本书，去探索自己真实的内心世界，了解自我、发现自我、悦纳自我。

抑郁、焦虑、恐惧、失眠，我怎么了

我们常常开解自己："开心是一天，不开心也是一天，为什么要不开心地过完这一天？"然而，很多人不能正视自己的喜怒哀乐，认为只有向别人展现出自己快乐的一面才是正确的人生态度，因此，在人群中谈笑风生，独自一人时却很难过。这种被忽视的消极情绪积累得越来越多，必然会积重难返，最终从心理上反映到身体上——失眠、脱发、体重骤降等问题接踵而至。我们不由得会问："好好的自己到底怎么了？"

随着时代的发展，尤其是通过一些明星的遭遇，大家对抑郁症有了更多了解。大家越来越认识到，抑郁症作为一种心理疾病跟感冒一样，人人都有可能会得，无高低贵贱之分。现在有些年轻人动不动就说："我得了抑郁症了，张老师，你给我治治吧！"但我知道，能这样说的，通常问题都不大。

有一个年轻的女孩是被妈妈带到我的心理诊所的，对于我提出的问题基本是由她妈妈来回答。开始时，她旁若无人地看向远方，好像我们跟她之间被什么东西隔开了似的，她不关心也不在乎我们在谈论什么以及谈论的内容是否跟她有关。

通过她妈妈的简单介绍,我了解到这个女孩叫娜娜,在她很小的时候父母离异,从此,她便是母亲唯一的寄托,母女二人相依为命。娜娜有很多兴趣,但是一想到发展这些兴趣要花很多时间和精力,也许会耽误学习,还会花很多钱,妈妈可能会因此不高兴,她便什么都不说了。而妈妈对此一无所知,觉得娜娜学习好、乖巧、听话,是她的骄傲,给她撑面子。所以,娜娜在整个成长过程中,完全没有自我,只有妈妈:听妈妈的话好好学习,听妈妈的话选择自己不喜欢的大学、不喜欢的专业,毕业后从事自己不喜欢的工作,与不喜欢的人相亲。那么问题是什么时候爆发的?是当娜娜想到自己的孩子可能也要这样度过一生时,她万念俱灰。娜娜也挣扎过,不想让妈妈难受、伤心,自己控制再控制,直到完全无法自控,她想要结束生命:看到迎面而来的卡车,她停在了那里;站在二十多层的高楼,她不由自主地想要跳下去。从此,这个世界跟她仿佛再也没有了关系,她听不见声音,看不见东西。

娜娜难道从小没有想过说出自己内心的真实想法吗?难道从来没有向她妈妈提过一次要求吗?我想应该是有的,只是说了又会怎样,并不会影响、改变妈妈的任何决定，因为妈妈都是"为她好"。所以，娜娜从未为自己而活，她只是妈妈意愿下的"傀儡"，不能有自己的思想，不能有反抗。这是何等的压抑与折磨？没有出路，没有选择，没有希望，没有快乐。

后来，娜娜来过很多次，每次先是哭，接着是沉默。渐渐地，她的眼睛里不再空无一物，有一次，她说："姐姐，我能来你这里吗？给你帮帮忙，打扫卫生、擦桌子就行。"看着她恳切的眼神，我知道她有希望了，她在自救。结果她妈妈一听就炸了："好好的白领不做，要当保洁？"我把她妈妈拉至一边安抚道："我这儿的收费，您是知道的，现在，她来这里治疗我不收钱了，您不觉得很划算吗？"现在的娜娜已经在自学心理咨询师了，终于，她可以做点自己想做的事情，为自己而活了。

我们从一出生就背负着太多人的期望，读书时要学习好，毕业后要工作好，年龄到了能找到良配，然而很多事情并不在自己控制的范围内。我们能做的就是，既然不快乐，那就难过一会儿。就是缺这么"一会儿"，我们才感到焦虑、抑郁、恐惧。

全身痛,是压力在背后操刀

有一则新闻:一个女孩摇摇晃晃地赶公交车,数次差点儿跌倒,幸亏被旁边的人扶起才上车。事实上女孩已经生病好几天了,因为舍不得被扣 300 元的全勤奖而带病坚持工作。这是一种怎样的压力,让她冒着随时有可能倒下的风险依然去奋斗?

太多一线城市的年轻人为房租、为光鲜的生活、为心中的目标、为回乡的那份不甘心,哪怕身处压力旋涡,也要拼命工作。

2012 年,46 岁的央视著名足球评论员陶伟因突发心脏病猝然离世。

2014 年,年仅 30 岁的运动健将方勇在向马拉松终点冲刺时一头栽倒在地,因心脏骤停抢救无效离世。

2016 年,44 岁的春雨医生创始人张锐因心肌梗死猝死,倒在了创业路上。

2017 年,浙江年仅 26 岁的规培医生陈德灵在连续通宵加班后猝死。

一个个年轻鲜活的生命在大家的唏嘘中仓促离开,来不及告别，来不及再看一眼这个世界。如果他们知道自己在高压、高强度的工作环境下，最终会是这样的结局，会不会换一种生活方式，换一种心态？

工作和生活中的压力既有来自外界的，也有源于内心的，那我们应当如何应对压力呢？

如果你时常感觉自己浑身无力，说不出哪里疼却又总是不舒服，去医院检查，结果没有病症；去美容院按摩放松，说是湿气重，只花钱不见效。其实，这大多是因为压力大。

谁没有压力？很多人每天睁开眼睛，一想到水电费、房租、交通费、饭钱等，不得不起床去努力挣钱，还一边安慰自己："生活，生活，就是生下来，活下去。"除了来自生活的压力之外，还有来自工作的压力，我们经常会被问道："成交量完成了吗？报表做好了吗？昨天上交的方案通过了吗？"所以，当你每天被生活和工作压得喘不过气来时，不如换种心态，重新整理一下生活。

对于单身一族来说，如果遇不到那个可以和你共同面对人生风雨的人，那就用平和的心态独自在风雨中等待雨过天晴，用独处的黄金时间读书、锻炼，带着父母一起去旅行。让父母看到你一个人也可以生活得很好，让父母知道，你不是不找对象，只是没有遇到合适的人。

关于工作，你要学会规划时间，减少低质量的聚会和闲谈，用更多的时间来提高自己的技能，在能力得到提升之后，压力就会变成动力。

每一代人都有自己的生活方式和奋斗方式，也许在长辈看来，我们每天坐在办公室里，看着电脑，喝着咖啡，没有风吹日晒，没有风餐露宿，就是幸福。实则我们的压力很大。那么面对压力，我们该怎么缓解呢？一方面，压力来自攀比，那我们就只跟自己比，让今天的自己比昨天的自己更好；另一方面，压力来自虚荣心，那就让自己修炼出强大的内心而不需要一些外在的东西填补空虚。无论过何种生活，都得有健康的身体。当你感觉不舒服时，请告诉自己，停一停不会落后多少，驻足是为了更好地前进。

压力大诱发各种心理疾病

日本有一个 29 岁的青年离奇死亡，为了搞清楚事情的真相，警方调取了他生前的录像。

在录像中，警察发现了一个很奇怪的现象：这个年轻人从来不会笑，一直都是面无表情。无论是在工作中，还是在休闲的时候，他都好像在想事情。这是为什么呢？因为他每天都在想很多事情，包括对工作的担忧、对未来不确定性的焦虑。所以，他对周围所有好玩的事物、好吃的东西、值得庆幸的事情完全没有感觉，一味地沉浸在自己的世界里。最终，警察找到了他死亡的真相：他想象中的压力太大，忧虑太多。

一直以来，我们认为身体上的劳累是导致疾病的元凶，殊不知，心灵的不堪重负，会导致更严重的后果。"压力大"绝不是一句想要逃避责任的借口，而是真实的存在。它伴随着你的每一次呼吸，影响着你的每一个决定，有时让你觉得活着真累，身心俱疲，看不到未来；有时让你全然感受不到生活的美好，食之无味，夙夜难寐。

如果我让你"放下压力"，你也许会反驳，"如果那么容易放下，要你是干什么的"。是的，放下压力真的不简单，尤其是我们自愿背负的一些压力，如出人头地、光耀门楣、荣归故里。往往就是这些想要给父母长面子的"懂事"孩子，把自己逼得无法正常生活。

如果我让你"把你的压力跟家人说说"，你也许会反驳，"如果说说那么容易，离婚是干什么的"。是的，很多家庭在面对共同风险时，夫妻一方为了逃避压力而中途离场。可正是"什么都不说"，缺少沟通让另一方产生越来越大的压力，直至大家都无法承担。

02　心理问题"扛"不过去

我们都知道没有身体健康就没有一切，但是很多人却忽略了心理健康。心理问题的症状比身体问题的更加隐蔽，甚至难以被发现，因此大多数人觉得没有症状就是没有问题。比如一个人持续性地低落，不想见人，不想做事，觉得活着没有意义，这听起来像一个"中二少年"的叛逆，却隐藏着潜在的危机。我们听过太多没有任何征兆的自杀案例，而且是抱着必死的态度，直至悲剧发生后大家才意识到死者是心理出现了严重的问题。因此，防患于未然应从重视心理健康开始。

心理健康远比事业和金钱更重要

心理健康是一个人事业成功的根本保障，心理不健康，尤其是心理失衡的人是很难成功的，或者说根本无法成功。心理不健康具体表现为：情绪低落或情绪波动大、学习能力低下、人际交往困难、工作成绩平平、长期难以与家人建立亲密的关系等。

所以每个人都要重视心理健康，只有心理问题解决了，才能事半功倍，才能真正实现自己的梦想，过有意义的人生。否则，可能会虚度年华。

当心理健康被大家重视之后，可能很小的情绪波动都被定义成了心理问题。那么，到底什么样的心理是健康的，什么样的心理问题是需要治疗的，又该如何治疗？

艺人乔任梁、崔雪莉因为患抑郁症选择了自杀；而热依扎顽强与抑郁症抗争，终于走出了阴影。近年来，抑郁症成为对生命最有威胁的心理疾病之一。大众开始了解抑郁症，但是我们只是知道了抑郁症是一种心理疾病，并未真正了解什么样的心理是不健康的。

有一个孩子出生在贵州省毕节市的一个小山村里，是家里的长子，他第一次走出大山是因为要到镇上读初中。父亲把他送下山，并对他说："我只能送你到这里了。"父亲说的是真的，从此，他只能靠自己，通过闲暇时候打工赚点钱解决温饱。

就这样，他读完初中、高中，读大学时他选择了北京师范大学，因为免学费。

他如愿以偿地被"空投"到了北京，原本以为就此能改变命运，前途走向光明，可是他病了，得了抑郁症。因为他想不明白，自己拼尽全力拥有的是别人与生俱来的，他没有城市孩子的自信谈吐和见多识广，同学们说的他都不懂，他只知道书里讲的东西，因为那曾是他眼中的"世界"。

他远在千里的父亲，第一次来北京是因为接到学校的电话，称孩子因自杀病危。被抢救过来后，孩子住进了北京大学第六医院，这是一家精神病专科医院。经过一段时间的治疗以及家人的陪伴，他战胜了心理疾病。出院后，他重返校园，没有人知道他经历过什么。后来，他组织了一个社团，在每年暑假时带领社员去自己的家乡毕节支教，帮助大山里的孩子了解外面的世界，让他们不要像当初的自己一样只知道死读书。

这个孩子看上去是在帮助别人，他何尝不是在帮助自己，帮助曾经那个心理不健康的自己。

那么我们又如何知道自己是否有心理问题呢？诸如"我今天不高兴，不想说话，看见什么都提不起精神""我现在很暴躁，一点就炸，谁都别理我""我什么都不想做，就想躺着，玩游戏、看剧"等，这些属于心理问题吗？

判断心理是否有问题有一套严格的程序，虽然现代医学发展迅速，已达到较高的水平，但是对于心理问题的发现仍有一定的局限性，更多的时候需要我们自己救助自己。

老家的邻居王阿姨，一生性子要强，不仅对自己要求高，还让子女要挣很多钱、要做大官、要让她有面子。

然而，她的女儿因为高考发挥失常只能上二本学校，这让她十分愤怒，大学录取通知书都没有让她的女儿见到就被她撕掉了。女儿以为自己没有考上大学，只得去复读，在复读的那一年里，她拼了命地学习。学校本身就是军事化管理，而她又因为承受着来自母亲的压力，对自己要求更是苛刻，如果说经历一场高考像是"掉层皮"，她可以说是丢了"半条命"。可就是在这样的状态下，她的高考成绩还不如上一年，她几乎崩溃。王阿姨不但没有安抚，还对女儿冷嘲热讽，最后她只能上家附近的二本学校。

原本一个活泼开朗的孩子，变得内敛起来。每次孩子回家王阿姨就责骂："你智商不高，上的学校也不怎么样，再不加把劲儿，捡破烂儿都没人要。"王阿姨说得是一次比一次难听，孩子眼中的光一点一点地黯淡下来。我见到她时还曾鼓励她再考出去，当时的她仿佛看到了希望。后来，我再听到她的消息就是她疯了，已不认得人，穿着脏兮兮的衣服，随便在地上捡东西吃。她已经不认识我了，我看着心痛不已。我不知道王阿姨有没有后悔，是否承认因为自己的问题毁了孩子一生。

为什么知道了很多道理，却依然过不好这一生？这是因为仅仅是知道没有用，要做到才行。案例中的王阿姨争强好胜、爱面子，使她不断去逼迫孩子达到她心中的完美，直至孩子崩溃。难道她不懂得健康比其他一切都重要吗？如果给她重新选择的机会，她还会把自己的想法强加在孩子身上吗？所以，说到不如做到。

身心健康远比事业、金钱更重要。不要把工作和生活混为一谈，工作是为了更好地生活而不是打乱生活；钱固然重要，但是不足以用牺牲健康为代价来换取。

正视自己的心理问题

一个人处在不同的阶段，表现出的心理问题也不同，主要分为以下五个阶段。

1. 儿童期

如果儿童的心理受到伤害，将表现为情绪障碍并出现各种问题行为。自卑、忸怩、害羞、焦虑、恐惧、易哭泣、过于敏感、忧伤等问题，一般是在儿童精神紧张的情况下产生的，而精神紧张主要是由父母分离、亲人死亡、家庭纠纷等事件引起的。当儿童步入校园后，诸如作业负担、师生关系、同学关系等外部因素对其情绪的影响明显增加。情绪问题的进一步恶化会造成儿童在家庭、学校、社区生活中人际关系的不适应，甚至让孩子出现精神问题，如恐惧、缄默、焦虑等。

2. 青少年期

众多因素影响着青少年的心理健康。繁重的课业负担、现行考试制度和评价手段等给学生带来了巨大的心理压力。通常青少年面临着五种自我意识矛盾：独立性与依赖性的矛盾；性成熟与心理道德上准备不足的矛盾；求知欲强烈与认知水平有限的矛盾；心理闭锁与强烈的交往欲望的矛盾；理想与现实的矛盾。随之而来的是青少年的一些心理问题，主要表现为：交往焦虑、考试焦虑、有孤独感、有挫折感、青春期焦虑、社交恐惧等。

3. 青年期

青年人自我意识强烈，富有理想和抱负，喜欢憧憬未来，因此心理需求也相对较多，包括实现自我价值、受人尊重、拥有爱情等。随着社会变革的加速，一些新事物接踵而至，影响着青年人的认知，因而容易造成青年人出现各种心理问题，常见的有：环境适应性问题，学习与职业选择的问题，性心理的困扰，人际交往的问题。

4. 中年期

中年人所面临的问题主要表现在三个方面：工作方面、婚姻方面、家庭与子女方面。中年人责任重、压力大，不仅要在工作上有所作为、承担重要责任，还要在家庭中尽到敬老育幼的义务。无论是在工作上还是家庭中，中年人都要处理好各种人际关系，难免有的人不能及时排解困扰，长期处于紧张的状态，最终积劳成疾。

5. 老年期

老年人的心理问题主要与他们的生理、心理特点有关，也受一些外在因素的影响：婆媳关系不和、教育孙辈方式差异等产生的家庭矛盾；与子女分开居住而产生的伤感、寂寞；从忙碌有规律的工作岗位退休而产生的失落感；经济水平下降导致的生活质量下降；等等。

心理问题绝对不是忍忍就好

人的思维由大脑控制，每个想法都从大脑中枢由神经元传递出去。我们把神经系统内传导某一特定信息的通路称为神经通路。如果把大脑中枢比作一台电脑，那么神经通路就是网线，神经递质相当于网速。每当我们产生一个想法，大脑中枢就会通过神经通路传递出去，到达另一个处理这部分想法的脑区，再反馈给大脑中枢，然后大脑中枢再进行下一步思考。举个例子，假设你的男朋友李某当初送给你的定情信物是红玫瑰，自此以后你只要看见红玫瑰就会想到李某。这就是因为当你看见红玫瑰的时候，你大脑的这一部分神经通路被激活了。因为你和李某感情非常好，你经常想起他，于是你关于李某的这部分神经通路经常被激活，所以这条通路上的神经元都非常活跃。激活这部分神经元需要很多神经递质，假设这种神经递质叫小a，大脑发现你最近非常需要小a，于是开始大量生产这种神经递质，因为小a太多了，所以这条通路特别容易激活，于是你就有事没事总想起李某。

再假设你们热恋的时候突然分手了，但是大脑还没适应，产生小a的神经递质工厂也没反应过来，所以你大脑里小a还是特别多，尽管你不愿想起李某，但是这条通路有时候还是会因为小 a 而不小心被激活，于是你就又想到李某了。过了一段时间，大脑和神经递质工厂都反应过来了，小 a 开始逐渐减少，你就不再经常想起李某了。

有一个女孩，她特别喜欢穿各种花色的衣服，但是脚上却穿着一双 20 世纪 80 年代的鞋，给人一种怪异的感觉。陪她一起来心理工作室的还有她的丈夫和婆婆，他们都觉得她有心理疾病。

她的身上到底发生了什么？当我被允许给女孩心理问诊时，我让助理给她倒了一杯蜂蜜水，让她放松整个状态。我问她："你为什么喜欢穿花色的衣服？"她说："各种颜色代表不同的意义，我小学一年级的时候就特别喜欢……但是我读书只读到小学五年级。我第一次穿的是花袜子，我的奶奶特别喜欢。"我又问她："你从小跟奶奶一起生活的吗？"她这样解释："爸爸妈妈重男轻女，我还有四个妹妹……我特别喜欢奶奶，但是后来奶奶去世了。所以，我特别喜欢花色的衣服。"

听到这里，我得出了一个结论，她患了一种"情感依赖症"，她对花色衣服的依赖，其实是童年时期对奶奶的情感依赖。因此，她的丈夫并不能理解。我问她："奶奶喜欢什么？"她这样回答："奶奶不喜欢穿，但是奶奶喜欢我穿，尤其是花色的袜子。"其实她喜欢的不是花色的衣服，而是喜欢奶奶的那种亲情的"温度"。

当女孩说出奶奶离世的具体时间时，竟然号啕大哭起来……这一幕让我非常吃惊。等她哭完并冷静下来之后，她说："自己不开心，所有的亲人都不理解我，我觉得亲情薄凉，只有奶奶疼爱我。"我问她："奶奶希望你幸福吗？"她点头表示肯定。我又问她："奶奶是否希望你长大？"她才明白自己存在的问题，自己所穿的花衣服、花袜子与自己的年龄格格不入。

后来，我对她的丈夫说："你能不能给自己的妻子买三套她喜欢的衣服？"他回答愿意，并且答应我夸赞他的妻子穿自己喜欢的衣服很漂亮。几日之后，女孩有了改变。她不再穿花衣服，只保留穿花袜子。她几乎走出了某种"亲情依赖症"，走出了那种情感和心理上的误区。

03　做自己最好的心理医生

中国传统教育大多是教我们如何处理好自己与他人的关系，

却很少教我们如何处理好与自己的关系，而我们最需要处理好的就是与自己的关系。有多少人因为自卑、自负或自大，不能正确地认识自己，更不知道如何与自己相处。在遇到问题时，从来都是找外部原因，不从自身找原因。对此，我们可以通过科学的学习与训练，掌握一些必要的心理学知识，做自己的心理医生，让自己在身处困境与压力时，有足够的能力去应对，而不至于心理崩溃、不战而败。

你是自己的敌人，也是自己的上帝

我们从小被教育要处理好各种关系，如跟父母、老师、同学、朋友的关系，以至工作后跟领导的关系，但是，很少有人教我们如何处理跟自己的关系，难道这个关系不重要，不需要学习吗？

很多人在成长过程中产生的心理问题，都是因为没有处理好自己与自己的关系。

几千年前，古希腊德尔菲神庙里有一块石碑，上面写着"认识你自己"。几千年过去了，每一个人仍需要问问自己——"我是谁？"你的答案也许是：我是父母的孩子，我是配偶的爱人，我是孩子的父（母）亲，我是领导的下属，我是下属的上司，我是同事的搭档，我是朋友的知己……这些都是我们的社会属性。夜深人静，当自己暂时失去所有社会属性时，不妨思考一下"我是谁"。那么，如何区分自己和别人？

记得小时候，我的语文老师做过一个游戏，她写了50张纸条，每张纸条上有一句话，"你是最乖的，总是安安静静地坐在位子上，不怎么说话。""你是最调皮的，总是喜欢捉弄女生。""你的体育成绩是最好的，为班级赢得了很多荣誉。"……然后让我们对号入座。我想，这大概是我最早开始思考"我是谁"这个问题。

读初中时，一次大扫除，老师让我们三个女生去打扫办公室。在擦桌子的时候，我发现了一个厚厚的蓝色笔记本，对于当时的我来说，那个笔记本实在太高级了。我舍不得放下，其中一个同学说"这是老师的东西赶紧放回去吧"，另一个说"放这么久了，应该是没人要的吧"。我知道，她们说出了我的心里话。找心不在焉地打扫完办公室，但满脑子都是那个本子，心想到底要不要拿走，怎么拿走。我最终下定决心，用抹布把本子包起来拿回了教室。是的，我把那个本子偷走了。

后来，我给笔记本包了书皮，贴上了贴纸，做了各种装饰，试图改变它的样子，以防主人把它认出。但当每次拿出它时我都觉得站在讲台上的老师一定知道是我偷走了笔记本。

　　我开始心虚，开始怀疑我是一个坏孩子，坏得无药可救，我恨透了自己。我每天对着镜子要骂自己千百次，仿佛自己是个十恶不赦的坏人。

　　这是我第一次讨厌自己，后来，只要做了让自己不满意的事情，这个情节就会浮现在脑海中，仿佛进入一个恶性循环，让我成了自己的敌人。

　　为了跟自己和谐共处，没有人知道我有多么努力。长大后，我总觉得时间有限、精力有限，所以总是逼自己疯狂地往前跑，生怕落后于人，所以，我成了传说中的"斜杠青年"，身兼数职，因为只要自己一停下来，就好像有个声音在告诉自己"你在浪费时间"。直到有一天身体发出警报，我得了肾结石，疼痛难忍。住院的那几天是我最清闲的时光，也让我开始重新思考我跟自己的关系。

　　原来，这么多年来，我一直在跟自己想象中的那个"我"较劲，我一直没原谅过自己，我一直想逃离那个"我"。我努力奋斗就是想向"我"证明自己有多么优秀，不再是那个犯错误的小孩了。

　　可是，无论怎样，事情已经发生，即便没有给他人造成实质性伤害，我也守着自己残破的心灵，一次一次地拷问自己，直至丢了自己。

病好后，我学会了放下，放慢脚步，放下那个曾经犯错的自己，我试着救赎自己，原谅自己。

现在我终于明白了，自己可以跟自己有多种关系，选择做敌人是最愚蠢的一种。有时，我们需要自己跳出来，站在更高更远的地方去审视自己。回过头来看，那么不顾一切地拼命工作还有必要吗？拼到就算感动了自己，但是放弃了健康，值得吗？

所以，别跟自己较劲，有时，放过自己恰恰是救了自己。

你对心理咨询的认识有误区吗

心理咨询是有效缓解心理压力并提高心理承受能力的一种办法。在成长过程中，大多数人都需要心理咨询，但现实中很多人对心理咨询存在以下认识误区。

1. 心理咨询就是聊天

心理咨询不同于一般意义上的聊天，尽管心理咨询的主要方式是谈话，但心理咨询不仅要用到心理学的专业理论知识，还要用到社会学、哲学、医学等方面的知识，通过科学的理论体系和操作规程，达到解决心理问题的目的，从而帮助患者解除心理危机，促进其人格发展。

2. 精神病患者才需要心理咨询

目前人们对心理咨询虽有所了解，但仍然认为它是治疗精神疾病的手段。其实，心理咨询最普遍、最主要的对象是健康人群，或者是存在心理问题的亚健康人群，而很少是"病态人群"。因为病态人群如精神分裂症、狂躁症患者等，都是精神科医生的治疗对象。

3. 做心理咨询是丢人的事

有些人认为看心理医生是不光彩、不体面的事，往往是偷偷摸摸地来到心理门诊，唯恐被别人发现。身体不适，我们需要休息、锻炼和保健，心理不适也同样需要休息、锻炼和保健。如果一个人因心理问题求助于心理咨询师，并不意味着有什么不正常；相反，这表明他具有较高的自我认知程度和生活目标，并希望通过心理咨询更好地完善自我，更幸福地生活。一个人寻求心理咨询并非像有些人理解的"他有病了"，而是这个人的心理天空暂时被荫蔽，他在寻求一种从荫蔽状态逃离出来走向晴天的方式。还有一些发展性的心理咨询如自我规划、职场选择、潜力提升等更是和"有病""不正常"毫无关系。

4. 心理咨询师具有透视人心的本事

有些来访者将心理咨询师神化，认为心理咨询师既然是搞心理学的，应该一眼就能看出来访者的心理问题，否则就是不称职。还有些来访者羞于表达内心感受，不愿将自己的心理活动吐露出来，认为心理咨询师能够猜得出。实际上，心理咨询师也是人，他们只是利用心理学原理，再辅以来访者提供的信息作基础，才能帮助来访者解决问题。正如有人感冒时医生先用体温计测出其体温后再制订治疗方案一样。

5. 好的心理治疗，看一次就有效

心理治疗不同于一般的药物治疗，心理治疗很少是一次就有效。除非是非常简单的心理问题，可以通过一次心理咨询就达到理想的效果。事实上，许多心理问题的产生是"冰冻三尺非一日之寒"，有来自性格方面的原因，也有现实原因，还可能有其他方面的原因。心理咨询师需要不断了解，进行讨论、分析、操作、反馈、修正，再实践，一般是不能一次性解决问题的。

为自己的心理状况把脉

"看来我得去做心理咨询了。"

"我又没有病，为什么要去做心理咨询?"

有多少人有过以上这种闪念后又自我否认。要不要去做心理咨询，什么人、什么问题、什么程度、什么时候应当去做心理咨询？当我以心理咨询师的身份被介绍给他人的时候，不管是与熟人聊天，还是与陌生人社交，总避免不了被问到这些问题。甚至是当我有备而来提笔写到这篇主题的时候，这些问题的答案依然不能用一句话就说清楚。那么，我们就试图简单地概述，然后再进行补充。

简单地说，我认为所有心理正常的人都适合接受心理咨询，因为定期对"心灵的房间"进行打扫，拂去尘埃，能让心灵的住所更加透亮。这可能打破了我们的一个固有认知："心理不正常的人才需要去做心理咨询。"下面摘抄一段我在专业教材中找到的简单解释，以帮助我们对于人的心理状况的分类有所了解："世界上一切事物，都有正和反两个方面，人的心理活动也不例外。在我们生存的社会人群中，正常心理活动和异常心理活动，总是具体表现在不同个体身上，于是，便形成了正常的群体和有精神障碍的心理异常群体。有精神障碍的群体占人群总体的比例为 13.47% 。"这段话的意思是说：人的心理状况如果按照正常与异常来划分，就是两类，即正常心理与异常心理（也称变态心理），所有正在思维清晰地阅读和思考这篇文章，进而有意愿进行内心探索的人，基本是有着正常心理状况的正常人。关于"正常心理"与"异常心理"的判断和区分标准，心理学教科书上讲得谨小慎微，我国心理咨询师职业资格培训的统一教材上关于二者的区分标准就罗列了"常识性的区分""非标准化的区分""标准化的区分""心理学的区分"等，这么多五花八门的区分角度，就是为了说清楚哪些是心理正常的人、哪些是心理异常的人。人的心理太复杂，任何"一刀切"地把人的心理进行分类，都是不客观的。

我们不妨用以下三个相对简单的标准进行自我判断：其一，主观世界与客观世界是否统一，比如产生幻觉、妄想等都属于主客观世界不能统一；其二，心理活动是否能保持内在协调性，比如遇到痛苦的事却手舞足蹈就是破坏了协调性；其三，人格是否相对稳定，比如一个花钱仔细的人却突然挥金如土，偏离他一贯的做法。以上三条是一个简明快速检查自己或判断他人的心理活动是否偏离正常人群的标准。当然，前提是这个人还具有能够自我检验的能力，也就是我们常说的自知力。

我们庆幸自己处于正常心理的队列之中，但似乎并未获得万无一失的安全感，时不时会有一些千奇百怪的情绪出来捣乱，人际关系障碍、有丧失感等一些生活中的消极情绪甚至会让我们陷入痛苦之中难以自拔。每个人生活的环境不同，性格不同，应对和处理问题的方式也不同。正如我们每个人的身体素质不同，有些人容易感冒，有些人肠胃不好，有些人是过敏体质，正常心理状况的人群中，健康状况也有参差，因此，心理学上又把正常心理人群分为心理健康的人群和心理不健康的人群两大类。心理不健康人群的心理问题根据持续时间和严重程度又进一步分为一般心理问题、严重心理问题和神经症性心理问题，其分类标准也有相应明确的规定。

以上对人群的分类，也引出了另一个我们在生活中难以区分的类似问题，即心理咨询师、心理医生、精神科医生有什么区别？我们需要心理帮助时，应当去医疗机构的心理门诊，还是去社会上的心理咨询机构，抑或去精神病院呢？

2018年4月27日新修正的《中华人民共和国精神卫生法》第二十三条中规定："心理咨询人员不得从事心理治疗或者精神障碍的诊断、治疗。"依此解读，心理咨询师应该是为健康人群和一般心理问题的人群提供服务；心理医生的诊疗对象则是正常心理中心理不健康的、有心理障碍的人群；而心理异常的人群应该是精神科医生的诊疗对象。

我国著名的精神科医师曾奇峰出版过大量的心理类通俗读物，如《你不知道的自己》《幻想即现实》等，对我们进一步了解什么时候需要心理咨询有一定的帮助。

04 常见人格障碍的自我诊断

我们如何知道自己是有心理疾病还是有心理问题，又如何知道我们的心理问题是什么？严谨、科学、晦涩、专业、难懂的学术术语背后，是否有我们能看懂的用来发现问题的评测体系呢？在日常生活中，我们面对各种情况出现的各种情绪、应激反应，甚至身体反应又是否正常呢？如果出现心理问题是要就医还是可以自愈？不妨一起来测试一下吧！

攻击型人格障碍：内心充满敌意与攻击性

攻击型人格障碍除了有主动攻击他人的表现，还有被动攻击的表现，其主要特征是以被动的方式表现出强烈的攻击倾向。这类人外在表现出服从和百依百顺，内心却充满敌意和攻击性。例如，故意迟到，故意不回电话或信息，故意拆台使工作无法进行；顽固守旧，不听调动；拖延时间，暗地破坏或阻挠。他们的仇视情绪与攻击倾向十分强烈，但又不敢直接表露于外，虽然牢骚满腹，但心里又很依赖权威。

攻击型人格障碍与反社会型人格障碍类似，但又有区别。一般来说，攻击型人格障碍表现为持续的攻击言行，缺乏自控能力，主动攻击他人；反社会型人格障碍主要表现为对他人和社会的反抗言行，具有屡教难改、明知故犯的特征，常以损人不利己的失败结局告终，不能汲取经验教训。简言之，攻击型人格障碍的行为以自控能力低下为特点，而反社会型人格障碍则以行为不符合社会规范为特点。

攻击型人格障碍的形成既有生理原因和心理原因，又有家庭原因和社会原因。在生理原因方面，大量动物实验与临床资料表明，攻击行为有其生理基础。一些生理学家提出，小脑成熟延迟，传递快感的神经通路发育受阻，因而难以感受和体验愉快与安全感，这可能是攻击行为发生的原因。

攻击型人格障碍患者的心理原因，包括角色的认同感与攻击性。举个例子，进入青春期的男孩，自以为已经长大成人了，对于男子汉角色有特别的认同感和片面理解，强调作为男子汉的刚毅、果敢、重义气、力量大、善攻击等特征，因此，他们会在同龄人面前，特别是有异性在场时表现出较强的攻击性，以证明自己是一个男子汉。

心理原因还包括自卑与补偿。每个人都可能因自己的身体状况、家庭出身、生活条件、工作性质等产生自卑心理，自卑的人常寻求自卑的补偿方式。若以冲动、好斗来作为补偿方式，其行为就会表现出较强的攻击性。此外，青年男子的自尊心特别强，如果经受挫折，往往反应得特别敏感和强烈。因此，自尊心受挫折是导致其攻击行为的重要原因之一。

家庭方面的原因主要是家庭环境的影响。被父母溺爱的孩子往往个人意识较强，受到限制后就容易采取攻击行为。在专制型的家庭，儿童常遭打骂，心中感到压抑，由于不满情绪长期郁结于内心，往往会选择较为冲动的行为来发泄积怨。同时，"近朱者赤，近墨者黑"，孩子还会模仿家长的攻击行为。

社会原因则是武打、凶杀类的小说和影视作品容易使缺乏判断力的青年人产生认同感并模仿。另外，"老实人吃亏"的社会观念也易使青年人产生攻击性行为。

对攻击型人格障碍患者的治疗，可以从以下几个方面着手。

（1）对青少年开展有关青春期生理、心理方面的教育，使其能正确地认识自己，认识自己的生理变化和心理变化。进入青春期的孩子不能将自己的认知仅停留在对自己身体的某些外部特征和外部行为表现上，还要经常反躬自问和独立反省，从而完善自我，把精力用到学习上。

（2）开展多种形式的业余文艺和体育活动，让青春期孩子的内在能量找到一个正常的释放渠道。另外，培养他们的爱好和兴趣，使其情操得到陶冶，健康成长。

（3）与青春期孩子进行深入细致的心理访谈，引导其正确对待挫折。人生在世会有这样或那样的挫折，要让孩子正视挫折、总结经验，找到受挫的原因并加以分析，而不是一遇挫折就采取攻击性行为。同时，通过各种手段提高孩子的承受能力，逐渐学会应对挫折。

①培养孩子必要的涵养，让孩子学会将心比心，适度容忍、宽以待人，不攻击他人。

②引导孩子把受挫后产生的攻击欲望转移到学习、运动上来。

③孩子受挫后，引导其尽量用另一种可能成功的目标来补偿挫败感，以获得集体、他人对自己的认同，从而获得心理上的愉悦。

④教导孩子"榜样的力量是无穷的"，尽量让孩子向好的行为榜样学习，从积极的方面引导孩子。

表演型人格障碍：以自我为中心

表演型人格障碍，其典型的特征表现为心理发育的不成熟，特别是情感的不成熟。具有这种人格障碍的人的最大特点是做作、情绪表露过分，总希望引起他人注意。此类型人格障碍多见于女性，各种年龄层次都有，尤以中青年女性为常见。

一般来讲，此类型患者的人格障碍的症状会随着年龄的增长、心理的逐渐成熟而减轻。但这不能认为它可以不治而愈，因为患者常常意识不到认知自己真正的情感问题。尤其在青少年时期的患者，若不加以调节，其症状只会加重。因此，青少年朋友一定要学会控制自己，学会调节情绪，在青少年时期就可以消除表演型人格障碍。

《中国精神疾病分类方案与诊断标准》中，将表演型人格障碍患者的症状诊断标准定为至少具有下述症状中的三项：

（1）表情夸张像演戏一样，装腔作势，情感体验肤浅。

（2）暗示性高，很容易受他人的影响。

（3）以自我为中心，强求别人符合他的需要或意志，不如意就给别人难堪或强烈不满。

（4）经常渴望得到表扬和同情，情绪易波动。

（5）寻求刺激，过多地参加各种社交活动。

（6）需要别人的关注，为了引起注意，不惜哗众取宠、危言耸听，或者在外貌和行为方面表现得过分吸引他人。

（7）情感反应强烈易变，完全按个人的情感判断好坏。

（8）说话夸大其词，掺杂幻想情节，缺乏具体、难以核对的真实细节。

表演型人格障碍的形成主要有遗传因素、家庭婚恋因素、生理疾患因素、教育学习因素、社会职业因素和生活事件因素。

具体而言,表演型人格障碍有一定的遗传因素,即父母是表演型人格障碍,则其子女有一定的遗传倾向,但对于这一点目前尚无定论。

家庭婚恋因素则主要是子女幼年时,若父母对其过度溺爱和保护,则易形成表演型人格障碍。同时,从小家庭环境优越的孩子,其依赖性和暗示性会比较重,因此也有易感性。另外,恋爱婚姻多次受挫的年轻女性也易发此症。

生理疾患因素主要以三种方式引发表演型人格障碍:一是患有脑器质性病变或机械损伤;二是女性在痛经或月经紊乱、闭经时,因生理因素出现此症并随周期改变;三是一般人群在体虚生病不适时或能量消耗大、饥寒交迫时偶尔发作。

教育学习因素体现在文化闭塞、迷信重的地区表演型人格障碍发病率较高;此外,缺少正规教育者和文盲者,以及学历虽高但不注重主动学习、全程学习或终身学习者均易患此症。还有一种人群比较特殊,即所谓的"追星族",这类易感人群不分学历高低,女性占多数。

社会职业因素是指就业压力大或有职业倦怠感的年轻女性

易患表演型人格障碍。

生活事件因素主要是指患者一般在面对具有急性的或强烈的人、物或事的暗示及刺激时容易发作。部分患者童年时曾有精神紧张、恐惧不安或尴尬难堪的情境。

这六种因素就是我们常说的表演型人格障碍产生的原因。当我们了解了原因，就可以更好地寻找对策来解决问题，以保护我们的心理健康不受到表演型人格障碍的影响。

对此类型人格障碍可从以下几个方面加以治疗。

（1）帮助患者正确了解自己，让患者能够感受到"自我"，在生活环境中找到"自我"。只有这样，他才能了解自己的优势和缺陷，才能解决自身问题。

（2）让其他人（朋友、亲人等）辅助患者进行一番"问答式"的调查，让患者听一听他人的建议。俗话说："当局者迷，旁观者清。"有时候，自己身上的缺陷是难以被发现的，需要借助他人的"镜子"。另外，还要学会一种"扪心自问法"，就是当患者处于较为清醒的状态时，让他自己问自己："我还有哪些问题需要调整？是不是用其他方式处理更为合适？"现实生活中，如果自己的朋友、同事、上司对你提出了批评，不要着急怼回去，而是要多分析一下，是不是自己确实犯错了。只要不断地调整自己的情绪，不断改掉自己的缺陷，就能更好地解决问题。

（3）还有一种方法叫"将计就计法"，就是让患者将自己的那种"表演才能"转移到表演中去，比如在某个故事或者剧目里承担一个角色。当然，要想胜任一个角色并不容易，但是"表演"却可以缓解表演型人格障碍的症状。如果通过心理引导的方式，或者心理暗示的方式让患者参与剧目，有可能帮助其实现自我完善。

回避型人格障碍：行为退缩、心理自卑

回避型人格障碍又叫逃避型人格障碍，最大的特点是行为退缩、心理自卑，面对挑战多采取回避态度或无能力应付。有些回避型人格障碍患者总给人一种特别"谦虚"的感觉，甚至这种谦虚有点儿过头，明明具备某种能力，却强调自己不具备。这类人性格内向，而且总会受到他人影响，甚至无法接纳他人对自己的表扬和夸奖。另外，这类人不会拿出自己的强项和优势与他人对比。这种自我评价低的特点，体现了回避型人格障碍患者的自卑心理，是一种较为明显的"行为退缩"的表现。

众所周知，许多运动员在开赛之前，都会给自己打气，给自己暗示："我一定行，我一定可以创造更好的成绩，打破自己的纪录！"而回避型人格障碍患者往往给自己以负面的"暗示"，

他们总觉得自己不行，无法战胜自己，也无法战胜对方。在这种消极的自我暗示下，他也就无法发挥自己的优势，遇到困难就想逃避，还会产生一种挥之不去的"挫败感"。

虽说人不可能是常胜将军，胜败乃兵家常事。但是，回避型人格障碍患者却无法承受任何失败的打击，小小的一次挫折就会让他产生挫败感。

自卑是一种很常见的现象，导致自卑的原因有很多，如生理缺陷、性别歧视、家庭出身不好、经济条件差、社会地位低下等。然而自卑具有强大的破坏力，如果不清除自卑，就会让自卑照进现实，并形成一种障碍性人格，即回避型人格障碍。如何才能有效缓解并消除这种自卑感呢？有以下两种方式。

1. 正确认识自己

（1）有些人是很有能力的，但是非常自卑，不敢承认自己拥有了某种能力。对于这部分人，他们需要重新认识自己，给自己一种正确的、果断的、具有激励作用的评价。积极投身于生活，从生活中发现自己的优势，学会接纳自己、肯定自己，只有这样才能丢下自卑，重装上路。

（2）曾经有位朋友告诉我："我是一个自卑的人，虽然取得了一些成绩，但是毫无成就感。"我问他原因，他的回答是："我觉得自卑是与生俱来的，是一种'命运'的东西，永远无法摆脱!"他所谓的"命运",让他背负上自卑的枷锁。他把"自卑"当成了无药可治的绝症。要知道,他们只需要换一个角度看待自己即可。换一个角度,等同于把这种"绝症"当成一种可以治疗的慢性病,如果方法得当,就能治愈自己。因此,多发现自己的优点,强化自己的优点,从而形成一种"条件反射弧",给自己一种正能量式的刺激,就能消除自卑感。

(3)当自己害怕或者恐惧的时候,适当给自己壮胆并暗示自己:"这有什么,别人可以,我也可以!"一定要相信:"世上无难事,只怕有心人!"给自己胆量和勇气,培养一种"舍我其谁"的气质。只有"敢输",才能战胜内心的自卑,才能产生自信。

2. 克服人际交往障碍

回避型人格障碍还会产生一种社交障碍,这种社交障碍也叫人际交往障碍。人是社会性动物,离不开社交。试想一下,一个人在一个团队里工作,需要与团队成员配合,如果无法与他人配合,极有可能完不成工作任务。只有想尽一切办法克服这种人际交往障碍,才能解决现实中存在的问题。克服人际交往障碍的方法有很多,在此推荐四个。

(1)找到支持你的人。在家庭中,家人就是你最好的支持者。如果你的行为能够得到家人的支持,就可以从支持和亲情中获得能量，这种能量可以帮助你克服人际交往障碍。

（2）找到一种运动方式。记得几年前，我有一位朋友饱受抑郁症的困扰，其中一个表现就是人际交往障碍。他告诉我有一段时间，他不愿意去人群中，甚至也不想看到客户。他是如何解决这个问题的呢？其实很简单，那就是做运动。一位资深的心理医生建议他多做运动。他选择的运动是游泳，因为游泳不仅可以锻炼身体，还能改善人体的肺部功能，甚至可以改善人的情绪。

（3）扩大自己的活动半径。有些人喜欢宅在家里足不出户，这样可不行。克服人际交往障碍需要走出去，多接触人和新鲜事物。当一个人走出去，与新鲜事物发生了"接触关系"，就会产生交流。与自然界中的事物交流，就会逐渐打开自己，让自己融入自然界和人群，从而解决人际交往障碍的问题。

（4）尝试将眼光放长远。有些人的社交障碍是由偏执导致的。他们认为："人是一种非常可怕的动物，随时会伤害自己。"要知道，没有人与人之间的交际与往来，人也就无法在社会中生存。每个人都像是一座孤岛，但是孤岛存在于海洋之中，如果能够将目光放长远，尝试改变对周围环境和人的看法，就能突出重围。

读书也是一种很好的办法。不同的书，具有不同的调节作用，并且能让人扩展视野，增加知识。许多人通过多读书、读好书的方式获得了自信。与此同时，也帮助自己回到人群，与其他人建立了良好的人际关系。

依赖型人格障碍：我需要一座靠山

依赖型人格障碍患者总在寻找靠山，没有了靠山，他们也就没有了安全感。但现实中哪有什么靠山？俗话说："靠谁都不如靠自己！"

一位年轻人在某公司从事营销工作。营销是一项非常独立的工作，许多事情都要独自完成。然而这位年轻人总给人一种缩手缩脚的感觉，做任何事都要向自己的领导请示。有一次客户来访，谈到合同价格时，年轻人没有了主见，于是向领导请示。领导说："价格不是已经调整了吗？你直接向客户报调整后的价格就好。"由于这位年轻人反复确定这个信息，给领导留下了不好的印象。

还有一次，年轻人出差时，因为一件小事打电话向领导请示。领导正在开会，没有及时回复。年轻人竟然没有处理，而是等领导做出指示。其实这样的小事，他完全能自主处理，根本不需要请示上级。事实上，他形成了一种依赖，失去了独立自主性。如果没有领导的指示，他无法独立完成工作。

案例中的年轻人是一个非常典型的依赖型人格障碍患者，他需要一个主心骨，如果没有了主心骨，他就无法做好事情。另外，为了得到上级的命令和安排，他会选择迎合、讨好上司。在一个团队里，一味地迎合、讨好只会换来他人的冷眼。因此，依赖型人格障碍患者常常会遭遇不公平对待，这种遭遇其实是他自己造成的，并非别人造成的。因为降低自己的身份，永远得不到他人的尊重。

只有了解依赖型人格障碍患者的具体特征，才能找到自我治疗的办法。那么，依赖型人格障碍患者到底有哪些特征呢？

（1）没有主心骨，总是让他人帮助拿主意。

（2）遭受批评之后，总会反应过激，或者受挫感强烈。

（3）总是寻求他人的帮助或者鼓励。

（4）降低自己的身份，取悦他人。

（5）常常有一种无助感。

（6）害怕孤独，需要一座靠山，但是又无法融入人群之中。

（7）盲目迎合他人，即使明知对方有错，也会去迎合。

（8）无法独立完成任务，也无法独立制订工作计划和人生计划，生活中扮演被动的角色。

（9）如果失恋、失业，会产生一种强烈的沮丧感。

（10）害怕失去，但是总无法得到。

依赖型人格障碍患者的个性特征主要有以下几种：

（1）缺乏独立性。独立自主是一种能力，许多家庭从小就培养孩子的这种能力，只有拥有了这种能力，才能独立面对生活，在这个世界上立足。但是依赖型人格障碍患者似乎缺少独立自主的能力，或者这种能力被隐藏了，只能依附于他人。

（2）依赖型人格障碍患者的"依赖"是一种虚假的、盲目的、自我强迫的情感。他们总将某种责任"甩锅"给他人。

（3）依赖型人格障碍患者不仅缺乏独立性，还缺乏创造力。正因如此，当他们正在从事与创造、设计相关的工作时，就会无所适从，推卸责任。久而久之，他们与他人的相处方式也会发生变化。

（4）依赖型人格障碍患者常常委屈自己。长期委屈自己就会产生一种压抑感，继而导致其他心理疾病，如焦虑症、抑郁症等。

有一个孩子叫安娜，她的家庭条件非常优越，爸爸妈妈和姐姐都非常疼她，把她当成掌中宝，过着衣来伸手、饭来张口的生活。久而久之，安娜变得十分懒惰。

有一次放学回家，安娜的家庭作业是画一幅画，第二天必须交上。由于安娜的姐姐有着不错的绘画基础，她想让姐姐帮她画。于是，她找到姐姐："姐姐，老师布置了美术作业，你画得比我好，你帮我画吧！"姐姐也在写作业，她告诉安娜："我也有作业，帮不了你。"原本以为这件事就过去了，晚餐的时候，安娜对妈妈说："我的美术作业没有做完，我的绘画基础太差了，让姐姐帮我画吧！"妈妈是这个家庭的权威，她对安娜的姐姐说："如果你的作业做完了，就替安娜画一幅吧。"因为母亲的命令需要完成，安娜的姐姐帮安娜做完了作业。

后来，安娜的姐姐去了另一所学校上学，再也没有人帮助安娜完成美术作业了。安娜的需求得不到满足，她的脾气变得很坏，甚至有些自卑，给人一种破罐子破摔的印象。看着女儿的情绪一天比一天糟糕，她的母亲送安娜去心理诊所进行心理治疗。安娜被诊断为依赖型人格障碍。

针对依赖型人格障碍患者，通常可以采用以下方法进行治疗。

1. 摆脱依赖

很显然，依赖型人格障碍患者具有一种依赖的毛病。如果出现了这种行为，就需要进行纠正。心理医生建议：患者应建立活动台账，活动台账的内容由他自己独立完成，并每日对已完成的活动进行评价、总结，以此摆脱对他人的依赖。

2. 强化自我意识

依赖型人格是一种失去"自我"的人格，依赖型人格障碍患者常常有一种无能为力的感觉，总将希望寄托于他人身上。因此，患者需要强化自我意识，让自己在某个事件中发挥作用并产生影响。强化自我意识有三种方式：针对自主意识强的事情，患者要坚持自己做，绝不让他人帮忙或者指点，以强化自己的意识，让自己在整件事情上发挥作用；针对自主意识一般的事情，如团队合作方面的工作，也应该保持自己工作环节的独立性，如遇到合作环节，应该推行以自己为主、他人为辅的合作方式，在整个事情中充当合作主角的角色；针对自主意识弱的事情，如团队合作中应该把自己当成一枚重要的"螺丝钉"，而不是一个可有可无的零件。只有这样，才能强化自我，让自己找到自信，摆脱对他人的依赖。

3. 建立新习惯，消灭旧习惯，强化自我意识

建立新习惯也有一套办法，在此推荐畅销书 *Hooked：How to*

Build Habit-Forming Products（《上瘾：如何打造塑造用户习惯的产品》）介绍的习惯养成模型。习惯养成模型有四个步骤，即触发器、行动、奖励、加强。触发器需要人们开启一个活动，并且建立活动提醒模式，每天让自己接受活动中的任务；行动，就是当触发器触发活动任务之后，自己去独立完成任务，并记录任务完成的过程；奖励，就是在任务完成过程中，对自己不断加以鼓励和激励，让自己保持干劲，督促自己完成任务；加强，即在活动中重复并循环某种"自我"行为，加强自我管控力度，让自己始终居于主导位置。除此之外，如果条件允许，可以找一个监督人对自己的行为进行监督，以确保任务完成质量。

4. 建立自信

政治家托马斯·伍德罗·威尔逊曾说："要有自信，然后全力以赴——假如具有这种观念，任何事情十之八九都能成功。"由此可见，建立自信，就能摆脱对他人的依赖，继而找到成功之路。建立自信的办法有很多种，此处给出以下几种建议。

（1）心理暗示：不管是比赛前，还是考试的时候，抑或其他挑战之前，对自己默默地说："我能行！"

（2）树立形象：糟糕的形象会给人带来自卑，所以要树立良好的形象，适当掌握一点穿衣、打扮的技巧，给自己增加自信。

（3）积极交往：拓展自己的交际圈，与各种人进行交流，也会提高自己的胆量。当今社会，更需要人们去交往，交往不仅可以拓展人脉，还可以给人自信。

（4）找到优势：每个人都有自己的优点，哪怕是乞讨者也有自己的优点。如果一个人能够找到自己的优点，并且在工作和生活中放大这种优点，极有可能建立自信，找回那个失去已久的"自我"。

边缘型人格障碍

家家都有一本难念的经，如果我们没有正确处理好家庭成员之间的关系，就会产生家庭矛盾。当我们在一种社会关系中，总会在依赖人与疏远人之间徘徊。有一类人在生活中容易喜怒无常，不仅伤害自己，也伤害他人。因为他们患有一种常见的、高发的心理疾病——边缘型人格障碍。

什么是边缘型人格障碍呢？《精神疾病诊断与统计手册》给出的定义是：一种人际关系、自我形象和情感不稳定以及显著冲突的普遍心理行为模式。或许这个定义不太容易理解，但是结合边缘型人格障碍的基本特征，我们就可以自诊，或者对家庭成员进行诊断。边缘型人格障碍患者常见的临床特征有以下几种：

（1）常常会出现幻觉，幻想自己被抛弃，且这种幻觉无法短时间内消散。

（2）常常在两种极端的人际关系模式下切换，有时极其依赖他人，有时则表现得十分冷漠。

（3）有自我伤害的冲动，比如自虐、暴食、非理性消费、鲁莽驾驶等，甚至有自杀倾向。

（4）有强烈的烦躁、焦虑感，情绪持续性不稳定，且这种现象会持续数小时不等。

（5）经常发脾气，且因暴脾气引发暴力行为。

（6）常常出现虚无感。

（7）如果遭遇突发事件，会产生一种强烈的、偏执的情绪。

如果一个人在生活中有以上所说的五种或五种以上情况，就可以诊断为边缘型人格障碍。

有人说边缘型人格障碍患者的内心有个永远无法填满的"空洞"。这个空洞到底是什么？难道是欲壑难填吗？也许，人的欲望是引发各种心理疾病的源头，但是这个空洞产生的原因是极其复杂的，还离不开原生家庭和社会环境的影响。例如，许多患者童年有过不幸的经历，那种伤痕将被埋藏进他们的灵魂深处，此后他们会不经意间爆发极端的情绪，从而做出错误的行为。如何才能自我治疗边缘型人格障碍呢？通常来讲，患者可以通过提升六种能力实现自我治疗与自我调理。

1. 提升感知能力

感知能力是感官接收外界信息而产生的一种作用力，或是应对外界刺激的一种处理能力。很显然，边缘型人格障碍患者缺乏这种处理能力，这就需要患者在日常生活中总结经验，学习知识，提升感知能力。

2. 提升认知能力

认知能力与感知能力不同，认知能力是认识事物和区分事物的能力。边缘型人格障碍患者常常无法对发生的事情做出有效判断。如果一个人有足够的认知能力，就能分清事件的轻重缓急，从而冷静地处理问题。

3. 提升自我批评能力

事实上，边缘型人格障碍也是一种"认不清事物"的障碍，患者在无法认清事实真相的情况下，纵容自己犯错。如果掌握了一种自我批评能力，患者可以在事情发生之后对自己进行积极的自我评价和自我批评，让自己清醒，从而摆脱边缘型人格障碍的影响。

4. 提升自控能力

自控能力要求人们能够控制、平衡和管理自己的欲望，并且将自己的欲望有计划地付诸行动去实现。提升自控能力，就能提升控制欲望的能力。而边缘型人格障碍患者只会放纵自己的欲望，任由欲望横行。

5. 提升应变能力

人为什么会突然失控呢？原因是多方面的，但是有一点不得不提：缺乏应变能力。当周围环境突然发生变化时，边缘型人格障碍患者就会产生一种心理落差，在这种心理落差的影响下，他就会出现心理问题。如果患者提升了应变能力，就不会被突然变化的环境影响并产生负面情绪，从而起到缓冲与控制的作用。

6. 提升人际交往能力

边缘型人格障碍患者往往有糟糕的人际关系，许多人会远离他们。如果患者能够提升人际交往能力，改善自己与他人之间的关系，与他人形成一种健康的、稳定的相处模式，就会改变自己，甚至帮助自己摆脱心理疾病困扰。

偏执型人格障碍：总是怀疑别人居心不良

偏执型人格障碍也称妄想型人格障碍，此类患者的主要特征是：自负、自我评价过高；思想行为多疑固执，气量小，无法接受别人的批评；情绪不稳定，感情用事，容易冲动；好诡辩，有很强的挑战性和攻击性。这类患者的神经系统正常，但遇到问题不能从客观实际来分析，总是很片面，自以为是。他们对任何人都不信任，过分猜疑，总把别人的好意曲解为恶意，常感到别人不怀好意，想害自己，嘲笑自己或瞧不起自己。

偏执型人格障碍患者会莫名其妙地产生一种敌意，这种敌意不仅针对他人，也针对自己。我们可能听到过这句话："我总是跟自己过不去！"这句话反映了一个人强烈的矛盾心理，其实这是一种偏执型人格障碍的体现。另外，偏执型人格障碍患者会表现出一种耿耿于怀的心态，总是跟他人过不去。有些人还会躲在背后说他人的坏话，或者暗中下绊。

那么，偏执型人格障碍到底是怎样形成的呢？通常来讲，有遗传因素，也与个人后天成长环境有关。如果一个人所处的环境十分糟糕，极有可能导致他患上偏执型人格障碍。另外，偏执型人格障碍也与后天教育有关。如果一个人接受过良好的教育，得到了良好的熏陶和正确的引导，就不容易患上此类疾病。

有人问："偏执型人格障碍容易治疗吗？"在我看来，治疗这种心理疾病是非常棘手的，需要长时间的治疗与呵护。如果偏执型人格障碍患者拥有良好的生活环境，能够意识到自己的疾病，并按照"自我治疗法"进行自我医治，就能解决这个问题。而偏执型人格障碍的治疗难题在于患者与医生无法构建信任关系。如果没有信任关系，医生也就无法对其进行心理治疗与心理干预。正因如此，偏执型人格障碍的治疗，需要患者自我辅助与自我调整，可以参照以下几种方式。

1. 创造良好的生活环境

假如环境是一只鸡蛋的蛋壳，人就是鸡蛋壳内的小鸡。良好的生活环境是一切工作、生活的基础，如何创造良好的生活环境呢？在我看来，就是要学会交往，改变自己与他人之间的关系。建立良好的人际关系需要做到以下几点：

（1）学会互助，尤其在一个团队中，当看到他人有困难时，要学会主动伸手，帮对方一把。

（2）相互理解，学会站在他人的角度思考问题。尝试去理解、接纳对方，只有这样对方才能理解并接纳你。

（3）不要凑热闹，越是凑热闹，越容易给自己带来不必要的麻烦。

（4）收敛自己的性格，不要锋芒毕露，谦虚一点，谨慎一点，让自己在人际交往中保持低调，处于主导地位。

（5）切莫斤斤计较，切莫嫉妒他人。

如果一个人能够做到以上五点，他就容易建立良好的人际关系并创造良好的生活环境，并从中获得存在感和成就感。

2. 用积极的心理暗示法暗示自己

心理暗示法也是一种心理干预疗法，可以有效缓解偏执型人格障碍患者的临床症状。

> 一位叫吉米的年轻人，患有典型的偏执型人格障碍。他告诉心理医生："我经常想到一些不好的事情，然后将这些事与某些人联系起来，最后迁怒于别人。"心理医生告诉他一种方法："当你总觉得某件事情因为某个人而恶化时，你就马上反过来去强化一种'印象'，即'这件事与他人无关'。"
>
> 吉米开始尝试这样做。每一次遇到心理障碍的时候，他就会进行自我心理暗示。这种反复的强调、反复的强化，让吉米的性格发生了变化。原本固执多疑的他现在却变得十分灵活，也不会再被一些小事情影响到自己的情绪。还有一个巨大的变化是，吉米变得十分谦逊，他开始理解他人，接纳他人。这些变化，都离不开积极的心理暗示。当他走出困境，他发现：这个社会并没有那么丑陋，只是自己想得太多了。

偏执型人格障碍患者的显著特点就是疑神疑鬼，总是怀疑这、怀疑那，无法正常工作。无端猜忌会引起不必要的麻烦，使人际关系紧张，而积极的心理暗示将会缓解疑神疑鬼的症状。

3. 掌握自我剖析的方法

人要常常做自我剖析，才能了解自己。然而偏执型人格障碍患者无法正确认识自己，所以出现一些健康人不常有的行为现象。有一名白领由于工作压力大而患上了心理疾病。他与身边人的关系变得紧张，并且不再信任对方。有一次，他因工作中的某个细节与同事发生了激烈的争执。后来，有朋友告诉他："这件事，是你想多了，对方根本没有那么想。你要调整自己，不要让自己处于一种紧绷的、敌对的状态。"后来，他开始研究心理学，并且尝试了解自己。他常常做自我剖析，找到自己的缺点和不足，并努力调整自己的状态，让自己处于一种良性循环。最终借助自我剖析，他找回了自己，并且能够正确处理自己与他人的关系，消除了某种信任危机和人际隔阂。除此之外，自我剖析还帮助他远离了困惑，不再迷茫。

4. 适当使用药物

有人担心长期服用药物，会产生依赖性。在我看来，偏执型人格障碍患者可以辅助药物治疗，但并不是一定长期服用药物，症状好转了，就可以停药。还有人担心这些药物会有毒副作用，"是药三分毒"，只要按照医嘱服药，就不会对人的身体造成太大伤害。

自我综合诊断

在医学界，人格障碍患者是富有争议的一个群体。有些专业人士认为人格障碍患者无法被治愈，因为这些患者不具备良知。比如反社会人格障碍患者，大多数都没有内疚感或羞耻心，但这部分人只是人格障碍患者中的一种类型。人格障碍分为一百多种类型，很多人格障碍患者是可以被心理治疗的。

心理咨询和心理治疗有一个边界，那就是用药。心理咨询师没有药物处方权，而心理治疗师可以给患者开药。那问题来了，什么样的患者需要用药治疗？什么样的患者无须用药呢？在回答这个问题之前需要澄清一点：其实，心理疾病从轻到重，并没有清晰的界限，甚至在一段时间内是不稳定的。这也是为什么心理咨询师需要学习异常心理学，而心理治疗师也需要学习心理咨询的内容。

人格障碍是一种比较常见的心理障碍。美国精神分析师协会主席杰罗姆·布莱克曼将心理障碍分为三种形式：

（1）缺陷型障碍：这是一种亚精神病，具有边缘性精神病理特点，需要配合药物治疗。

（2）冲突型障碍：可以直接借助心理疗法治疗。

（3）混合型障碍：介于缺陷型障碍与冲突型障碍之间。

缺陷型障碍是一种常见的病态症状，绝大多数人有不同程度的症状，下面仅对此类型心理障碍加以分析。心理学家海因兹·哈特曼曾经提出"自主性自我功能"，每个人都有四个关键的"自我功能"。

（1）抽象概括能力：人们常常提到的象征、比喻、暗喻等都是抽象的，这些抽象的东西是从具象的东西中产生的，人具有从具象到抽象的转化能力即抽象概括能力。

（2）整合组织能力：如果一个人能够将经验、思维、记忆、情感、想法等整合在一起，就能形成一种解决问题的能力，这种能力就叫整合组织能力。

（3）现实检验能力：如果一个人身处某种环境，采取一些方法来检测该环境，并做出准确判断的能力就是现实检测能力。

（4）自我保护能力：该能力也是一种最基础的能力，只有做到自我保护，才能远离各种伤害，继而达到保护自己的目的。

一个人如果缺乏以上所说的其中一种能力，就会继发缺陷型障碍，如果拥有这四种能力，就不会继发该类精神疾病。即便得了精神疾病，也不要害怕，通过加强以上四种能力，可以有助于自我治疗缺陷型障碍疾病。

PART 2

自我疗愈："心"的安抚与平衡

01 抛开焦虑，坦然接受变化

如何应对焦虑，如何面对变化？是否所有的焦虑都是不正常的？是否所有的变化都会让我们惊慌失措？我们应如何在正常情绪与心理问题之间找到平衡？正所谓"知己知彼，百战不殆"，我们要对自己有个清晰的了解与判断。不妨来测一下自己是否焦虑吧！

测试：焦虑的自我评定

我们可以借助焦虑自我评定表快速、直观地了解自己的精神状态，判断自己是否焦虑。如下表所示，其中 1 分表示很少如此，2 分表示部分时间如此，3 分表示经常如此，4 分表示总是如此。答题结束之后，计算总得分。其中 14～31 分为轻度焦虑，32～39 分为中度焦虑，40 分以上（包括 40 分）为重度焦虑。

焦虑自我评定表

（1）胃口不好。	（　）
（2）常常有忧心忡忡之感。	（　）
（3）常常有力不从心之感。	（　）
（4）常常失眠。	（　）
（5）无法保持心平气和。	（　）
（6）常常担心上司找自己谈工作。	（　）
（7）常常感到胃肠不适。	（　）
（8）常常感到头昏脑涨。	（　）
（9）常常有呼吸不畅之感。	（　）
（10）常常心烦意乱。	（　）
（11）常常因小事而发火。	（　）
（12）常常有手部干燥之感。	（　）
（13）常常感到时间不够用。	（　）
（14）常常难以入眠。	（　）

你对什么焦虑

正在读大学的表妹放假回家后，羡慕地对我说："表姐你真好呀，不用进学生会、不用泡图书馆、不用考各种证、不用挤破脑袋进名企实习，我也好想单纯地做自己喜欢的事情呀！"她又说："家里人说我是学霸，有出息，可他们不知道我过得有多辛苦，每天一大早坐公交车去实习单位，一路上还得背单词，晚上回来后，还得去图书馆。因为害怕自己跟大家没有共同语言，我还得刷微博了解八卦新闻。每天的生活过得重复又无趣，稍有懈怠又怕落后，哪怕起晚了一会儿，我就感到焦虑。"

原来，问题出在这儿——焦虑。所有人包括我们自己都要求我们要优秀、再优秀，而且是全方位的优秀，稍有偏差就像落后了所有人。所以，现在的年轻人，哪怕已经是别人眼中最优秀的了，依然不敢有丝毫懈怠，生怕打了个盹儿就被别人赶超，落后于人。

不知从什么时候起，我们开始被时间绑架，每一分每一秒都得有所收获，有所进步；不知从什么时候起，我们开始被精力绑架，时刻都得保持精神抖擞，不然就是堕落。所以，我们开始焦虑，焦虑于落后同龄人，焦虑于自己还在租房，焦虑于自己还在欠债吗……

焦虑，不分年龄大小。作为父母有父母的焦虑：别人的孩子学了什么、考了什么级，自己的孩子也不能输在起跑线上；作为学生有学生的焦虑：同学做了什么题，学了哪本书，读了什么名著，我还差哪些才能追上；中年人有中年人的焦虑：头发又白了几根，要不要换个大点的房子，闺密又做了什么美容；老年人有老年人的焦虑：我今天头有点儿晕，是不是得了什么病，儿子怎么不理我了，我今天吃药了吗……生活中人们无时无刻不在焦虑。

我在三十岁后也开始焦虑，一方面是对时间感到焦虑，另一方面是对金钱感到焦虑。所以，中午休息会儿都会罪恶感十足，觉得是对时间极大的浪费；拿起手机逛了会儿淘宝刚想下单，想想自己的存款，还是算了。后来，我因此看医生，医生说开的药会有点儿犯困。我觉得休息时间太长，问医生能不能换一下，医生告诉我休息好了，病自然就好了。于是我不想睡也得睡，那是我睡得最好的几天。

后来，我强迫自己放下焦虑，该休息休息，该花钱花钱，所有的付出都是为了更好地前进。用健康的身体去做更有效率的工作，用整理好的心情去过更好的生活，才有了我后来的闲庭自若。

很多时候，我们并没有意识到是自己的焦虑在作祟。我告诉表妹："不需要让自己面面俱到，要学会选择，选择自己最割舍不下的东西，并不断地强化。你是学霸，就没必要再让自己成为小灵通；你选择积累工作经验，就没必要附和大家唱歌、玩游戏。每个人的时间、精力有限，要学会有所取舍。"

并不是所有的焦虑都是不正常的

有人说得了焦虑，如果不注意，就会引发严重的心理疾病。但实际上，并不是所有的焦虑都会引起心理疾病，适当的焦虑可能会起到正面的警示作用，它可以提醒我们去做一些其他的计划和安排。

回顾我的人生，前三十年浑浑噩噩，没有目标，人云亦云。过了三十岁，我醍醐灌顶，知道了人生没有回头路。以前想的是既然人生的结局是"无"，则无论精彩或黯淡人生都是一场空，于是我选择了随遇而安。后来我终于明白，恰恰是生命的"无"，我们才更应该抓紧时间，即使仍然会有遗憾，也要把遗憾留给努力之后的自己，而不是本可以却什么都没有做。这种认识上的变化减轻了我的焦虑，也改变了我以后的生活。

由于每个人的时间都是有限的，三十岁后的我慢慢地学会了放弃，放弃那些不重要的东西，比如不再跟同事聊家长里短。成年人的交往简单得多，不需要猜测，合则聚，不合则散，用宝贵的时间修炼自己，当自己足够强大的时候，周身都是好人，都会给你好脸色。

艺人黄渤在成名前，受尽冷眼。哪怕是很小的角色、两句话的台词他都认真对待，即便如此，他依然被嘲讽，在剧场被导演直斥："这样的长相，也算演员？"他因此焦虑，怀疑过自己，可他没有让自己沉浸在这样的焦虑里，反而是让焦虑成为自己前进的动力，不断努力提升自己的演技，直到今天被大众认可。

焦虑不是坏事，沉浸在焦虑里才是坏事，焦虑不是不正常，不焦虑才是不正常，要学会与自己的焦虑和平共处。如果你对时间感到焦虑，那就试着学会管理时间，在规定的时间做规定的事，即使没有做完，也不要纠结；如果你对金钱感到焦虑，那就想方设法地去挣钱；如果你对学习感到焦虑，那就通过一些学习网站、交流群，用正确的方法去提高自己；如果你对恋爱、婚姻感到焦虑，要么试着去交往，要么先修炼自己。总之，不要害怕焦虑，更不要敌视焦虑，你不焦虑才不正常。

长久存在的控制欲

什么是控制欲？有人给出这样一个定义：控制欲是指对某件事或者某个人在某种程度上的绝对支配，不允许其出现差错，并对其进行绝对意义上的占有，思想上也不允许其有任何出轨或者背叛。控制欲是一种病态心理，主要有以下表现。

1. 对他人要求多，对自己要求少

控制欲强的人，在某种程度上具有一种双重标准，即对自己的要求少，对他人的要求多。有些人在工作中常常严格要求自己的下属或者同事，并提出很多要求；相反，他们对自己的要求很宽松，甚至盲目地认为自己具有一种轻松解决问题的能力。同时，"对他人要求多，对自己要求少"也是一种不信任对方的表现。

2. 试图说服对方

如果一个人非常盲目地想要说服别人，并让对方接受他的观点，对方极有可能会让他失望。这种试图说服对方的方式不但不利于沟通，而且会破坏双方的感情，不利于家庭生活，也不利于工作。

不自信、缺乏安全感也是控制欲强的表现。如果一个人缺乏安全感，就会想尽一切办法寻找靠山，这座"靠山"可能是

通过控制他人获得的。因此，这样的"靠山"是不可靠的，反而会破坏人际关系。

控制欲太强终究不是好事，如何才能摆脱控制欲对自己的伤害呢？可参考以下四种方式。

1. 认识自己

许多人并不能认识自己，或者说不能认清自己，觉得自己才是"最重要"的那一个。其实，只要能认清自己，就能摆脱欲望的纠缠，也就不会产生强大的控制欲。

2. 培养兴趣

如果一个人总是想着控制他人，大多是因为他生活乏味。要想解决这个问题，可以培养一些兴趣，分散自己的精力，让自己有更多的时间去做自己喜欢的事。

3. 与人和睦相处

控制欲强的人，常常与他人发生矛盾。一方面，他在强调自己的意志；另一方面，他人在拒绝这种意志。只有学会与他人和睦相处，才能摆脱控制欲。

4. 心理问诊

有些人可以自己调节心理问题，有些人就无法做到。虽然我们提倡"做自己的心理医生"这种做法，但是有些人在求助自己无果的情况下，还应去医院或者心理诊所求助，寻找更有效、更科学的诊疗办法。

使人焦虑的完美主义倾向

完美主义是一种人格特质，即在个性中具有凡事追求尽善尽美的倾向。但是，人能做到尽善尽美吗？很显然，是不可能的。完美主义者希望自己是完美的，也会要求他人是完美的。在一个团队里，如果有一个完美主义者，其他成员都要想尽办法去"配合"他，所以有时候完美主义者并一定能给团队带来好处，还可能给团队带来麻烦，给他自己带来压力。拒绝"完美主义"能有效缓解压力和焦虑症状。

有人问完美主义者是不健康的吗？当然不能这样说，追求完美是一件好事，只有力求完美才能做到极致。但是有一个词不可忽略——追求，即在自己能力范围内，尽可能做到极致。如果超出了自己的能力范围，不仅做不到极致，反而让自己焦虑。只有量力而行地追求完美才有意义和价值。完美主义者到底有哪些特征呢？

1. 渴望完美

许多人都渴望完美，完美意味着极致，意味着最高成就。要想取得这一成就，需要一个人付出太大的代价。一个人追求完美，无形中给自己定下了极高的标准，对自己提出了更高的要求。有人问："高标准地要求自己，不是一件好事吗?"要知道，如果自己给自己提出的要求过高，久而久之，就会动摇，就会产生怀疑，并质疑自己是否具有这种能力。

2. 恐惧缺憾

对完美的渴望，也就意味着对缺陷的恐惧。完美主义者唯恐做事达不到完美，久而久之会形成一种强迫症，甚至怀疑自己有某种缺陷，是这种缺陷导致自己无法做到尽善尽美。其实，刻意地追求完美与不顾一切地追求完美都是不健康的，不利于身心发展。

为"焦虑症"设一道心理屏障

要想在生活中避免焦虑，首先，我们可以寻找其他能给自己带来价值感的方式。如果渴望在工作中得到他人的积极关注，那么我们可以尝试做志愿者或者其他服务类的工作，从助人中获得别人的肯定;如果渴望在工作中有良好的人际关系，那么我们可以尝试参加朋友聚会、结伴旅行或者参加其他社交活动，从而满足自己的社交需求。如果这些新的生活方式使你获得了价值感，那么原来只能依靠工作来获得这些需要而产生的焦虑感也就会慢慢消退了。

其次，改变价值观念，摘下面具，活出更真实的自我。我们要认识到，并不是必须按照别人的标准去做事，才能得到关注与尊重。我们能够凭借最本真的自我得到他人的爱与认同，慢慢消除"不努力就没用"的观念，尊重自身真实的想法，比如"我累了需要休息""生活是需要平衡的"，并且接受这些真实的状态，我们才能放下焦虑，更轻松地投入工作。

最后，放下过高的虚假目标，好好体验和认同自我价值。给自己一个合理的定位，不要给自己制定高高在上的虚无目标，找到定位才能认清自己。如果自己处于一种焦虑状态，倒不如给自己一个目标，只要这个目标适合自己，让自己在奋斗过程中处于积极状态，就能解决这种困扰。当然，可以适当设定"紧张"的目标，并坚持达到目标，可以避免生活中的挫败感。

在生活中，人很难时时刻刻都保持紧绷的状态，而且戴着面具生活不仅缺乏对自我的体验，也会让我们感到疲惫和焦虑。只有制定好一个合适的工作规划，愿意多花时间来享受可能不够美好的生活，让工作与生活达到平衡，焦虑才会自然而然地消失。

02 超越自卑，做自信的自己

中国人常说："别人家的孩子永远是最好的。"孩子考试得了第一名，激动地把试卷带回家拿给妈妈看，结果妈妈却说，"这次错的都是不应该错的，第一名有什么了不起，你看××家的孩子除了成绩好还会做家务呢"。我们身边总有些父母觉得最好的孩子永远是别人家的，无论自己的孩子多么努力，即便在别人眼里很优秀，只要一回到家，在他们面前都一无是处。原来，有些人的自卑是被"种下"的。

测试：你是自卑的人吗

有人问自己："我自卑吗?"其实，这是一个难以回答的问题。许多人并不能正确地认识自己，也就无法判断自己是否是自卑的。自卑的人往往具有以下几个特征，我们可以根据特征进行自我测试。

1. 在意他人的评价
自卑的人非常在意他人的评价。我有一个朋友就是如此，他非常在意同事对他的看法，并认为如果自己的形象受到影响，一定是从他们的嘴里说出来的。事实上，过于在意他人的评价，反而是一种不自信的表现。真正自信的人应该是"走自己的路，让别人说去吧"！

2. 不懂得如何拒绝

现实中，很多人都会遇到这样的问题：有人向你提出请求，尤其是毫无理由的请求，你可能不知道如何回应。自信的人有两种回应方式：直接拒绝，不给对方机会；问清来由，然后根据实际情况考虑是否接受请求。而自卑的人可能会陷于一种尴尬状态，既不接受，也不拒绝。

3. 害怕得罪其他人

有句老话："树敌容易，交友难。"许多人带着这种思想观念，在生活中处处小心，唯恐得罪人。其实，人与人之间的交往完全可以自然一点、惬意一点、舒服一点。所谓"自然"，就是顺其自然，适合做朋友的就去做，不适合做朋友的就不做，不要刻意去讨好谁。所谓"惬意"，就是要让自己舒服。如果自己不舒服，交友又有何用？不要因害怕得罪人而向他人服软、妥协，要坚持自己的原则。如果你害怕得罪他人，且常有这样的心态，说明你是一个自卑的人。

4. 认为自己毫无优点

有一些人总觉得自己没有任何优点。世界上很难找到毫无优点的人，认为自己毫无优点的人，只是太过谦虚，太不自信罢了。有的人认为自己毫无能力，但是，他有自己的工作，也有家庭。工作中，他能顺利完成工作任务；家庭生活中，他能承担自己的角色。其实这就是很强的生活能力，想想还有许多人无法做到呢。如果你总是觉得自己没有优点，做什么都不如他人，可能不是因为你能力差，而是你缺乏自信，不相信自己具有某种能力。

5. 从来不敢说出自己的真实想法

有人认为，为了不得罪人，就不要在众人间提出与大家不同的意见和看法，因为你的意见和看法极有可能是不对的。其实，这种想法十分荒唐，真理不一定掌握在多数人的手里。如果你有不同的意见，且发现对方的意见是错误的，就应该大胆、果断地提出来，不要害怕得罪对方。但是，自卑的人因为害怕他人，从来不敢在大庭广众之下说出自己的真实想法，同时他还认为自己的看法是错的。

除此之外，还有一些人总是率先服软，提前道歉，尤其在结果还没有出来之前就已经妥协了；还有一些人总是担心自己的秘密泄露出去，其实他所谓的"秘密"已是众人皆知的事情了。自卑并不可怕，可怕的是长期自卑。如果一个人能够自我调整，找到自信，就能摆脱自卑，摆脱与自卑相关的心理疾病。

"我不行"的魔咒

读大学的表妹曾对我说："表姐，你为什么想做什么就能做成什么，想学什么就能学会什么，工作有成就，婚姻很幸福，而我什么都不行。"我问她："'不行'是你说的还是你做的？你试过了吗？就说不行。"她说："从小我妈就说我做什么都不行！"

"你不行"仿佛是大部分父母跟孩子说的最多的话，孩子的大部分事情由父母代劳。因为"你不行"，所以不用刷碗扫地，只管学习；因为"你不行"，所以不要报考外地的大学，在家附近上学就行；因为"你不行"，所以不能自由恋爱，父母安排就行；因为"你不行"，孩子不用你带，父母帮你就行。这就是大部分父母以爱的名义给孩子下了"我不行"的魔咒。很少有父母知道，在这个魔咒下生活的孩子过得有多辛苦，要打破这个魔咒的孩子经历过什么。因为不自信他们不敢在人多的场合讲话；因为不自信他们买衣服时不敢在服务员的关注下站在试衣镜前；因为不自信他们有想法都不敢行动；因为不自信他们从来不敢表达自己的观点。

自信不是说出来的，而是通过一次次的成功树立起来的。无论是在生活中还是工作中，大致存有这两种想法的人：一种是"我什么都可以做，即便现在不会，也是可以学会的"；另一种是遇到问题会立刻说出三个字："我不行！"而且会找各种理由来说自己为什么不行。

当然，承认"我不行"并不代表孬，毕竟这也是人类生存下来的本能。为什么这么说呢？在原始社会，人们面对洪水猛兽般的生存环境，正是因为知道"我不行"，才会开启防御机制，选择了能够保全自我生存的正确方式。

为什么会出现"我不行"的意识？依我来看，原因大致有以下几种：

（1）不自信

（2）不喜欢尝试，害怕失败

有的人喜欢在自己熟悉的领域里做事，哪怕去餐厅点菜也要点自己吃过的，生怕点了新菜味道不尽如人意；有的人喜欢稳定的生活圈子，因为不用建立新的人际关系。

（3）自我认知有偏颇

很多人喜欢给自己贴很多的标签，如星座、属相、性别、专业、地域等，这些标签会使其与他人产生隔阂，往往也容易限制其个人能力向外延展的可能。

积极自我暗示的能量

成功者都会给自己积极的暗示。自我暗示就是自我肯定，如同长跑运动员在发令枪响后，那些上阵之前给自己加油鼓劲儿的人，能起到意想不到的效果；那些提前就看衰自己的人，很少能取得成功。

一个叫胡可的年轻人在一家企业从事营销工作，性格很内向，选择营销工作就是为了挑战自我。胡可说："正因为我性格内向，不擅长交际，所以才想改变这个现状，给自己机会。"

她第一次拜访客户就以失败告终。她说："我还记得，2015 年的冬天，我去拜访客户。当时客户正在开会，我就在他的办公室门口等着。当时我非常害怕，不知道见面后如何开口。我觉得我一定会失败的！"

待客户开完会后，胡可说明来意，然后就进入了谈判环节。该客户是某企业的老板，有很强大的气场，加之胡可消极的自我暗示，一切都朝着失败的方向发展。不出所料，胡可确实失败了。当她离开这家公司时，有一种极大的挫败感。

回到公司后，胡可将自己的失败经历告诉了师傅。师傅对她说："你要改变心态，有时候还要给自己打打气！不是你不行，而是你觉得你自己不行。谈判时不要总想着失败，而是要想着如何拿下客户。"胡可听取了师傅的建议。半个月后，她再次去这家公司，拜访的还是那位公司老板。

这一次，她不仅准备得十分充分，而且调整好了心态。敲门之前，她反复给自己打气："别害怕，你一定行。只要你把准备好的内容一五一十地交代明白，就会得到你想要的结果。"在谈判桌上，她表现得非常勇敢，敢于在客户面前展示自己的观点，并展示自己公司的服务和产品。没想到，客户果然动了心，决定一周之内完成合同签约。

胡可拿下了人生中的第一笔订单。在师傅成功的指引下，胡可每次都会在谈判之前给自己暗示，鼓励自己一定行，一定可以从客户手里拿下订单。

可见，一个人通过自我暗示，能够帮助自己解决困难并完成工作任务。这种积极的自我暗示，有助于提升自信心，给自己一种力量。

再举一个例子：

陈建华是某企业的销售员。销售员要想在企业内生存，需要不断提升自己的业绩，有了业绩，才能出人头地。

有一年，陈建华所在的公司实行"末位淘汰制"，业绩差的人将被淘汰出局。淘汰者虽然不会被开除，但是会被调整部门。陈建华的压力非常大，因为在公司里他的业绩并不突出，甚至是落后的。于是，他得了一种"病"，他和同事说："唉，这一关我肯定过不去了，淘汰的那个人一定是我！"即使回到家，陈建华也会和家人唠叨："这次面临岗位调整，我走定了！"

在这种负面情绪的影响下，他的工作积极性也受到了影响。与陈建华不同，他的同事王刚就积极多了。原本，王刚的业绩比陈建华还要差，但是他调整好了心态，他说："成败在此一举，为什么不试试呢？"

王刚开始了自己的行动，每天坚持跑市场、拜访客户，自己暗下决心：别人行，我一定也行！在这种决心之下，王刚果然跑出了业绩，而且业绩越来越好，自信心也越来越足。很快，王刚的业绩超过了陈建华。

看到之前业绩比自己差的同事超过了自己，陈建华的心态几乎崩溃了。每一次外出工作，他总是一副无精打采的样子。许多客户见到他，也避之不谈业务，而是随便谈谈感情。久而久之，陈建华的业绩不但没有提升，反而下降了。最后，陈建华因业绩较差被调整出营销队伍。

这个案例说明了消极心态更容易招致失败。有人问："悲观主义者该如何进行调整？"在我看来，悲观主义者应该深入了解什么是自我暗示，并且能分辨什么是积极的心理暗示，什么是消极的心理暗示。

心理暗示并不复杂，积极的心理暗示就是给自己打气，让自己充满战斗力，想必每个人都能做到。通过积极的心理暗示，一方面，可以唤醒自己从而找到自我，发现自己的"宝藏"，充分挖掘自己的才能和潜能；另一方面，能够帮助自己摆脱自卑和与之相关的心理疾病，从而取得成功。

欣赏自己的不完美

"金无足赤，人无完人"，即使是那些成功人士，也常常有其难言之隐。还有一些人永远在给自己提要求，要求自己再完美一点。在这种反复"要求"之下，反而会失去最真实的自己。

真实的自己是怎样的？在我看来，真实的自己是有缺陷的自己。一个人承认并接受自己的缺陷并不一定是坏事；若无法接受，则可能给自己带来巨大的麻烦。

　　陈建东是一个非常热爱生活的人，希望凭借自己的能力给自己提供一个更好的生活环境。求学时，他是班级里最优秀的学生之一，毕业之后，他选择去一家优秀的企业工作。他距离自己的梦想越来越近了。工作稳定后，他也到了组建家庭的阶段了。

　　经人介绍，陈建东认识了一个女孩。这个女孩各方面条件都不错，陈建东对她很有吸引力。但见过两次面之后，陈建东发现女孩似乎对他开始冷淡下来。他不好意思直接询问，便从侧面打听。后来，他得知：女孩拒绝他的理由是他的身高太低。陈建东身高不到170厘米，这可能也是他唯一的"痛"。平时他尝试穿增高鞋，但在众人面前还是有一种强烈的自卑感。这一次相亲失败，他更加自卑了，甚至工作也受到了影响。

　　朋友见到陈建东整天郁郁寡欢，几次劝说他："想开一点，每个人都有自己的缺陷，哪有十全十美的人？有身高的可能没有颜值，有颜值的可能没有身高，有身高、有颜值的人可能没有才华……""身高可能限制了你，但是你还有才华，有一份让人羡慕的工作，难道你想要世界上所有的一切吗？况且，你并不是残疾，只是人的择偶观不同罢了！"

经过朋友的几次劝说，陈建东终于想开了。世界上没有十全十美的人，接受自己的不完美，才能找回自信。渐渐地，陈建东放下了某种追求完美的执念，而且再也不穿增高鞋了。一年之后，他找到了自己的幸福。

这个案例在生活中很常见，我们很多人可能会在陈建东身上发现自己的影子。也许有些人的"残缺"是先天的，后天无法弥补，如果因自己的先天缺陷而苦恼，并没有什么意义。对此，不如大大方方地接受自己的缺陷，把缺陷当成一种美；抑或选择努力奋斗，用其他优势来弥补这种先天缺陷。如此，也能增加自信。

对自己宽容一些，没有"超人"

什么是"超人"？超人就是拥有超能力的人。美国科幻电影《超人》中的超人拥有拯救世界的能力，不仅力大无穷，而且拥有强大的意志力。总之，超人是完美的，可以得到自己想要的一切。

但是，真实的超人是不存在的。世界上所有的人都是肉躯，受制于时间和空间。即便如此，凡人也能做出不平凡的事情。每个人都有可能创造自己的奇迹。

然而，有些人想要改变一切，并幻想自己具备能够拥有改变一切的超能力……但是当他最后发现他并没有改变一切时，他陷入了痛苦之中，久久不能自拔。

这种"自责"并没有用，除了会扰乱自己的心绪之外，还会给自己招来其他心理疾病。既然如此，倒不如想开一点，对自己宽容一点。有时还要适当地给自己心理暗示：有多大的能力，做多大的事。如果能这样想，就可以跳出自我设置的"圈套"，摆脱束缚，轻装上阵，或许能创造出更多奇迹。

不用像超人那样去生活、工作，摆正自己的心态，对自己宽容一些。

增强自信心，做最好的自己

我有一个女同学，她的眉毛里有一颗黑痣，这颗痣随着她的年龄增长而长大，到高中时已经有红豆般大小了，她觉得丑陋无比，想尽一切办法去遮盖它，所以她的刘海儿几乎遮住了眼睛。又因为她从小很胖，胖到要去买男生的裤子才能穿得上，才能遮得住粗壮的大腿。所以，她从小就很自卑。长大后，依然不敢在外人面前去试新衣服。

也许是外貌影响了她的性格和以后的成长。因为不自信，她上了一所普通的学校；因为相貌平平，没有经历过热恋的青春。长大后，各种怀念青春的电影从未引起过她的共鸣，那些精彩斑斓的青春故事也与她无关，她只是躲在角落里的丑小鸭。大学八百米跑测试，她是班里的倒数第一名，听着半个操场的同学给她加油，她羞愧得恨不得钻进地缝，于是，她越发不敢出现在众人面前。后来自卑的她开始一个人去图书馆读书，阅读让她一点一点地开阔了视野，增加了自信心。

有一次她报名参加了一场演讲比赛，她幽默风趣的谈吐逗得大家捧腹大笑，得到了大家的一致好评，并获得一等奖。她开始相信，只要努力战胜自己，不在乎别人的冷嘲热讽，自己就是最棒的。原来，自信不是被人夸出来的，也不是说出来的，而是做出来的。

经过坚持不懈的努力，她考上了研究生，她做的第一件事就是去医院把那颗痣去掉了。回去后，她问了身边的同学、朋友她有什么变化？大家一脸茫然地问她是剪头发了吗？那时她才知道，那颗痣不是长在她脸上，而是长在她的心上。

我们每个人的外表都是基因决定的，总有不尽如人意的地方，要么身高矮、要么肤色暗、要么体型胖……如果我们过分在意这些瑕疵，就会错过精彩的人生。待我们成熟后，我们会发现年轻时所在乎的那些"不如意"，都毫无意义，我们眼中大部分的"有所谓"都是自卑的表现，都是自己和自己在较劲。

一直以来，我也坚定地认为自己是一个自卑、胆小、懦弱的人，我迷失在自己的世界里，找不到人生的方向。这样的心态持续了很久，那时我的内心非常煎熬，对未来的生活充满了绝望，想用结束生命的方式结束这种痛苦的生活。

可是我又觉得这样做对不起父母，于是我反复纠结，很幸运我战胜了自己。

老师讲过："一个人童年的生活经历，会形成一种潜意识，并影响着他一生的思想。"这使我想起了一个来访者的童年经历。

　　她三岁的时候母亲因病去世，父亲为了这个家又给她找了个继母。原本以为那些继母虐待继女的事情只会出现在电视中，可是却真实地出现在了她的世界里。从继母进门的那一天起，她和继母的关系就开始紧张，她简直害怕继母到了极点，最终导致一说话就口吃。

因为对继母的恐惧，她甚至不敢回家，都说家是避风的港湾，可想而知一个幼小的孩子有家不敢回的那种感觉。所以，她从来没有过安全感。上小学以后，口吃的情况已经好了很多，她也开始接受这个不完整的家庭。她幻想着上了初中后会更好，因为新的学校都是新同学，他们不了解她的家庭状况，她的自尊心就不再会受到打击。可是事实并不是这样，她开始越发自卑，口吃越发严重，她不敢和同学打交道，开始逃学，很少和父亲沟通，就这样产生了严重的心理阴影。后来上了高中，她再次以为通过紧张的高中生活可以改掉自己口吃的问题，可是直到高中毕业，她也并没有改掉口吃的毛病。直到现在，她才知道自己应该是患上了社交恐惧症，所以来到以理咨询室进行诊疗。

这就是她的成长轨迹，也是她根深蒂固的自卑心理的来源，她知道要想消除这种自卑心理是很难的，但能够自信地生活和工作，是她一直以来的愿望。其实她的这些经历，如果是在以前，她是绝对不会和别人讲出来的，因为她觉得讲自己的这些不幸的经历会让她觉得很丢脸。

通过多次与她聊天和心理疏导，现在她口吃的毛病慢慢地有所改变，她也慢慢地拾得了自信。

一个人总觉得自己不够自信，其实不是他不够优秀，也不是他不能改变，而是他还没有醒悟，没有激发出自己内心深处巨大的潜能。一个人内在的思想，决定着他外在的行为。一个真正自信的人，就是做最好的自己！

03　远离抑郁，快乐随心而生

你上次开怀大笑是什么时候？你有没有觉得来自工作、学习、人际交往中的压力让你一直不敢放松、不敢肆意而为、不敢真实地表达自己。所以，你收起了情绪，戴上了一个面具，无论面对什么人、什么事，你都只剩下一种表情，那就是微笑。直至你问自己快乐是什么，才发现你一直在压抑着自己的情感，活得很累。

测试：是什么让你如此抑郁

有一位来访者，她经常向身边的朋友哭诉，自己是抑郁的，甚至痛诉自己的孩子不好带，各种麻烦缠身。但是，她以前从未求助过专业的心理机构，而是选择了一种"压抑自己内心"

的方式，以至于患上了严重的心理疾病。在这种情况下，她非常需要专业的心理咨询机构，找到真正的"宣泄"出口。

经过诊断，她是非常典型的躁郁症和阳性抑郁症患者，而她的亲人一直认为她在惹是生非。我告诉她："外在的一切都是空的，内在的力量才能让你强大无比。自己点亮自己，才能找到真正的自己。"经过几次治疗，她找到了那种属于自己的"主流"的观念。

并不是所有抑郁症都能通过自己疗伤可以解决，很有可能是典型的阳性抑郁症，而且难以被发现。因此，当我们发现自己总想找朋友聊天，或者对"娱乐"产生一种强烈的依赖时，就需要找专业机构咨询，看一看自己是否得了抑郁症。

有些人并不知道自己抑郁了，而是当抑郁的症状找到自己，才知道自己得了这样的心理疾病。人到底是如何得上抑郁症的？抑郁症都有哪些表现？为了能够自我检查，可以问自己以下问题。

1. 你是否经常感到消极、郁闷

许多人在抑郁症发病之前，都会有这样的感受。如果你长期感到闷闷不乐，就要引起高度注意了，说不定你已经被抑郁症纠缠，此时需要及时调整自己的状态，或者去医院的心理门诊就诊。

2. 你是否经常失眠

许多人有过失眠的体验，但是失眠也分多种情况。如果失眠程度较为严重，就需要引起高度注意。如果只是偶尔失眠，可以尝试通过一定的方式调整，只需要观察、记录即可。

3. 你是否总有想要哭泣的感觉

每个人遇到不开心的事情，就可能会委屈到哭泣。对于大多数人而言，即使哭泣，也能忍住并控制自己。而对于个别人而言，可能就无法控制。如果你长期感到悲伤，就需要引起高度注意，或者及时找专家会诊。

4. 短期内你的体重是否有较大的变化

许多人在经受抑郁症的困扰下，体重会发生变化。如果你没有如糖尿病之类的疾病，体重短时间内变化较大就要引起注意。有些抑郁症患者体重会突然减轻，甚至会厌食。

5. 你是否常常有心跳加速的症状出现

对于一个身心健康的人而言，心率是平缓而有力的，不会表现出心律失常的现象。如果你常常感到心跳加速，就要到医院进行一番检查。如果排除了心脏类疾病，就要怀疑是否是抑郁症等心理疾病找上了门。

6. 你是否经常感到疲劳

许多抑郁症患者说："我总是觉得疲劳，做什么事都力不从心！"如果有了这样的感觉，先对自己的身体进行全面检查，排查身体有无其他疾病；再对自己的心理状况进行检查。抑郁症可以引起疲劳，让人有一种力不从心的感觉，与此同时，也会导致工作效率下降，无法按时完成工作。如果出现了这些现象，请引起注意。

7. 你是否对未来感到失望

还有一些人越来越对自己感到失望，并对未来感到绝望。如果你总觉得未来是没有希望的，甚至是灰暗的、绝望的，就应该引起注意，是不是抑郁症等心理疾病找上了麻烦。

8. 你是否经常容易生气

如果你本不是一个脾气暴躁的人，突然脾气越来越糟糕，而且影响了周围的人，就需要引起高度注意了，经常发脾气，也与抑郁症有关。

9. 你是否觉得生活枯燥、乏味、没有意思

对于一个正常人而言，生活可能谈不上有趣，至少不会给人带来窒息感、绝望感。但是，当你觉得生活越来越没有意思，甚至是极其枯燥、乏味的，就要考虑一下是否是自己的心理出现了问题，是否患上了心理疾病，如焦虑症、抑郁症等。

10. 你是否总会产生一种"死亡"的幻觉

绝大多数人不会经常想到死亡，反而惧怕死亡。如果一个人开始思考并将死亡与自己联系在一起，并且在自己身体没有其他疾病的情况下，就要引起注意了。

通过以上十个问题，我们可以对自己的身体状况和心理状况进行简单测试。如果有其中五项以上症状发生在你身上，你就要对自己的心态进行调整，或者要去看心理医生了。

小心！抑郁症状会传染

抑郁症在西方也被称为"情绪感冒"，抑郁症患者所出现的情绪低落、烦恼忧伤、思维迟缓等症状也会传染给他身边那些意志脆弱、消极悲观的人。

孙赞在某公司从事企划工作。有一年，公司发生变革，孙赞所在的部门压力很大，而且还有裁人计划。这让孙赞倍感压力，他的同事陈文斌仿佛也出现了心理问题，经常失眠，发牢骚。

孙赞原本就很烦，听到陈文斌天天发牢骚，开始十分讨厌他。但是孙赞并没有找陈文斌谈话，也没有向陈文斌表达自己的不满，而是忍着。不久之后，陈文斌因工作问题被辞退，这件事对孙赞的触动很大，仿佛受到了刺激一般。

与此同时，孙赞的另一个同事毛珊珊也经常找孙赞吐槽，这让孙赞情绪更加低落了，他经常感到绝望："恐怕我在这家公司待不下去了，我需要换个环境。"果不其然，孙赞是第二个被辞退的。

离开了这家公司，孙赞开始了漫长的求职路。然而，他一直没能找到好工作，且常常被失眠困扰。有一天，他吞了几十片安眠药，幸好被人发现，差一点儿就送了命。随后，孙赞被确诊为抑郁症，他的前同事陈文斌也被诊断为轻度的抑郁症。由此可见，抑郁症这种"情绪感冒"具有一定的传染性。

抑郁症患者存在快感消失的症状，常常感到无聊、郁闷、情绪低落，对任何事物都不感兴趣。还有些人深陷痛苦的深渊，久久不能自拔，甚至萌生堕落的念头。

人如果长期被负能量缠身，也就无法产生正能量。负能量也是可以传染的，如果你身边的同事或朋友整天都是无精打采、消极厌世，你也会被这种坏情绪影响。长此以往，好运气将会把你拒之门外。因此我们要弄清楚这个问题：日常生活中，到底有哪些因素可以导致抑郁症状的传染？

（1）行为因素。每个人都有各自不同的行为，行为有好坏之分，健康的行为不但可以使自己快乐，还能使他人快乐。而糟糕的行为，就会影响其他人的心情。当你遇到了有糟糕行为的人，尽量选择远离他们。

（2）情绪因素。如果长期与一个情绪消极的人交往，自己的情绪也会变差。如果团队中有一个脾气很臭、情绪又很坏的成员，他就会将这种情绪传染给其他成员，进而影响整个团队的工作。

（3）思维因素。每个人的思维方式不同，所以会互相影响，不好的思维方式可能会潜移默化地影响他人。

远离抑郁症，从正视抑郁开始

如果你出现了与抑郁症相关的症状，如失眠、长时间的情绪低落、工作效率下降等，就要正视自己的现状，想办法调整自己的心态，找到抑郁的原因。远离抑郁的办法有很多，这里重点介绍以下几种。

（1）保护自己的情绪。保护情绪的方法一是远离曾经伤过心的地方，另一个是远离脾气暴躁的人。

（2）解决失眠问题。人如果经常失眠，就有可能导致抑郁。帮助睡眠的办法有很多，如睡觉前喝一杯牛奶；睡觉前不要过量饮食、饮水；不要观看刺激类的电影或者听刺激类的音乐。如果有了困意，就要尽快入睡。

（3）尽量做到"五个不"。不生气，不急躁，不担心未来，不后悔自己曾经的选择，不为得失而伤心痛苦。

（4）多参加有意义的社交活动。其实，有些人的抑郁症是"憋"出来的。如果一个人总是足不出户，久而久之就会出问题。要想预防抑郁症，还是应该走出去，多与性格开朗的人交流，多参加一些有意义的活动，在活动中找到自我，获得乐趣，摆脱孤独感。

（5）多运动。生命在于运动，运动不仅可以给人以强壮的体魄，而且可以改善人的呼吸状况，提高心肺功能。心肺功能的改善，有利于缓解坏情绪。另外，运动还可以让人忘记不愉快的事情。

远离抑郁症的办法还有很多，有些人练习瑜伽，有些人培养兴趣爱好……这些方式方法都能起到不错的疗效。

与糟糕的过去握手言和

生活需要继续，人生没有回头路。如果一直活在过去，就无法摆脱各种麻烦。尤其是如果活在糟糕的过去，不仅无法帮助你面对未来的生活，甚至还会破坏你现有的生活。

徐川曾经是一个非常乐观的人。某一年，他经历了一场车祸，再加上车祸之后他的公司又遭遇了破产，可谓双重打击。从此徐川一蹶不振，开始自暴自弃。

有个朋友告诉他："如果你无法摆脱过去，就试着跟它在一起；如果你能够摆脱过去，就尝试着忘掉！"很显然，徐川的过去是无法摆脱的过去，对他来说只有接受。

接受曾经的不幸和遭遇是痛苦和矛盾的，这需要徐川重新去认识苦难。苦难是什么？曾经有人说，人不能在顺境中认识人生，必须在痛苦中认识这繁华的世界，才能深刻地体验人生。换言之，认识苦难才能与苦难和解。

徐川开始一边读书，一边感悟。后来他悟出一个道理：麻烦有时候是不请自来的，当它们来了之后，你也可以给它们发一个凳子，让它们坐下。其实，这是一种欣然接受的方法，欣然接受曾经的痛苦和过往，人也就不会难过、痛苦了。后来，徐川的状态似乎变好了。他开始尝试接受新挑战，筹钱开了一家餐馆。

事实上，人只要自己调整好状态，与过去和解，能力也会逐渐恢复。徐川接受了过去，并且给自己打气："我一定能东山再起！"徐川没有让朋友失望，他成功了，成为一名出色的商人，不仅还清了所有的债务，而且焕发了新生。

通过冥想获得心灵的宁静

总有那么几天，我会无端地烦躁和情绪化；会突然忘记一些事，比如刚拿起手机就忘记本来要干什么；甚至在一些事情糟糕透顶的时候，觉得喘不过气来。每到这个时候，我的内心都急需找到一个释放的出口，让疲惫的身心得以休息片刻。因此，我开始接触冥想，希望通过冥想获得内心的宁静。

我常常在睡觉前的 30 分钟进行冥想。我都想些什么呢？在我看来，冥想分为三个部分：过去、现在、未来。想一想过去，过去我是怎样的一个人，做过什么事情，犯过怎样的错，有哪些事让我一直铭记在心？其实，冥想过去也是为了跟过去和解，放下痛苦，轻装上阵。想一想现在，现在的我可能还在挣扎，还有许多棘手的问题没有解决。眼下的困难折磨着我，如何才能摆脱这些事情的困扰呢？是放手一搏，还是置之不理？冥想的意义就在于此，它可以给我提供一个很好的思路，让我把目前的状况梳理好。冥想，就是放下所有的"负担"和"利益"后再进行思考。想一想未来，也就是展望一下未来，给自己设置一个目标，如何让自己通过努力一点一点接近目标？总之，冥想让我收益良多。

1. 改善睡眠

有些人怀疑，难道失眠不是因为想得太多才睡不着的吗？也许他们对冥想有所误解，冥想是一种放空一切的想，是一种愉快的放松形式。冥想时注意每一次呼吸，通过调节呼吸，让自己的呼吸保持自然通畅，从而起到改善睡眠的作用。

2. 让人保持善良

"人之初，性本善。"冥想可以让人保持善良，守住人性，让自己的善良品质处于"敞开"状态，或者让自己久违的善回到自己的身上。人只有保持善良，才能守住自己的底线，才能在社会中获得一定的地位，并享受快乐。

3. 能改善人的性格

每个人都有自己的性格禁区，所谓的"性格禁区"特指性格中的弱项，也就是不稳定的、容易导致人走向极端的因素。但是人们在生活中发现，经常冥想可以改善人的性格，继而防止人们做出不可思议的极端事情。

4. 消除痛苦

每个人或多或少都有过痛苦，有的痛苦是心理上的，有的是生理上的。痛苦，也会导致人们产生焦虑或抑郁。如何解决这个问题呢？很显然，吃药不一定是最好的选择，只是迫不得已而为之。不妨先尝试一下冥想。

5. 改掉坏习惯

一位朋友说："我通过冥想的方式改掉了做事毛糙的坏习惯。"真有这么神奇吗？因为冥想时，人的整个身体处于放松状态，能摆脱对某个物质或某种精神的依赖。有些人通过冥想戒烟、戒酒，也有人通过冥想改掉了不好的生活习惯和工作习惯。由此可见，冥想对人的帮助很大。

6. 提高专注力

有些人做事没有恒心，专注力也较低。不妨借助冥想的方式，既能提高专注力，又能增加人的耐心和毅力。

7. 提高创造力

有一位作家常能写出脑洞大开的作品。有人问他："你为什么能写出那么多好玩、有趣的故事？"作家说："我喜欢冥想，尤其是晚上，坐在树下冥想，就能产生灵感。"许多从事创作工作的人都喜欢冥想，通过冥想放空一切，从而提高自己的创造力。

8. 挖掘潜能

潜能就是潜在的能力。平时，我们发挥的能力是一种外在能力，并不是潜在能力。如果我们能挖掘出自己的潜能，将会大大加强自己的外在能力。冥想可以帮助人们挖掘潜能，让人们在冥想中发现不一样的自己，或者找到平日里迷失的自我，让自己变得更加强大。

9. 减轻困惑

每个人都曾感到困惑，有人形容这种感觉非常讨厌，就像一团阴影笼罩着自己，既找不到答案，也想不到问题的源头。许多困惑别人无法帮你解开，只能自己求助于自己，冥想也许是一个不错的解决办法，不妨尝试一下。

10. 消除抑郁

抑郁给人带来无限的痛苦。冥想，可以帮助人进入一个"境"，这个"境"是轻松的，甚至是"无重量"的。在这样的"境"内，人可以发现并找到快乐因子，快乐因子就是摆脱抑郁最好的良药。

除此之外，冥想对人的身体也有帮助。冥想的方法很简单，可以借助一些教材进行居家尝试。冥想还是一种"无成本"治疗方案,不会给人们带来经济压力,是非常好的消除抑郁的方法。

把精力花在体验生活上

人生是一场有去无回的旅行,好的或坏的都是风景,既然如此,把你的一生就当作一场体验吧,不论好坏都只有一次。

我是坚定的无神论者,我知道死后的"无",没有天堂,没有来生,没有下一次。

也正因如此,我曾经把自己逼至角落,觉得既然这一生无论有多么轰轰烈烈或者自己多么默默无闻、平淡无奇,最后皆是一场空,人生还有什么意义?

在被"困住"的那几年,我问过身边的老师、同学,想从他们口中得到一个完美答案;我去翻阅图书馆里的哲学书籍,试图从书中找到一个明确答案,结果并没有找到真谛。

不知道什么时候,我恍然大悟,明白了活着的意义就在于珍惜当下的每一分每一秒。于是,我开始参加各种社会实践活动,体验生活;开始在图书馆里拼命学习,提高自己的专业知识能力,扩大自己的视野;开始在实习单位埋头苦干,向身边的每个人学习。因为努力过，所以对自己越来越有信心，敢于在公众面前讲话，敢于直抒己见，敢于正视自己。

如果你还没有明白生活的意义，那就暂且搁置，不要把自己困住，也不要纠缠于此，而要行动起来。无论做什么，只要用心去做，就能发现生活的乐趣。

当你拥有了足够的资本和能力时，你才能真正明白活着只是一场体验。

2006 年上映的电视剧《士兵突击》，是我成长过程中汲取精神食粮的宝库，甚至对它里面每一个人的台词我都了如指掌。

许三多从一个举手投降的兵到兵王的成长过程，值得我们敬佩。但我想说的是，如果我们都是从下榕树村走出来的那个傻小子，没怎么读过书，没怎么出过村，来到了一个完全陌生的环境之后，你会表现得比他更好吗？

到了钢七连的许三多绝对没有把在部队的生活当成是一场体验，他想的是生存下去。他因为训练成绩差被"发配"到草原五班，他不知道自己的前途在哪里，所以，他只能过好眼下的每一天，跟新兵连一模一样的生活，哪怕在其他人看来他是那么傻。重新回到钢七连后，他依然不知道自己想要的是什么生活，只是拼了命地跟着班长向前冲。在班长离开后，他的世界坍塌了，他没有把离别当作一次体验。

但是，在许三多进入老 A 队伍之后，他成了有一身本领的士兵，他开始体验生活，他能跟战友开玩笑了，也能跟上级插科打诨了。

要知道，无论你经历过什么，都会成为过去，但是你不能等着它过去，你要用自己全部的时间与精力去体验生活，生活才会回馈于你。

有人会问："我连温饱问题都没有解决，又怎么去体验那种我想过的生活？"

你想过怎样的生活？是每天无所事事、游手好闲、饭来张口、衣来伸手吗？这不是生活，这是混日子。是上午在巴黎喂鸽子，中午去米其林餐厅吃饭，下午去伦敦喝下午茶，晚上再去听场音乐剧吗？这也不是常人的生活，这是梦想。

真正的生活是血淋淋的现实。你要经历亲人的离开，你要经历生活的坍碎，你要经历职场的洗礼，你要经历新生的喜悦，你要经历成功的满足感，你要经历有心无力的无奈，你要经历失败的伤感，等等。这些才是你的生活，需要花时间、精力去体验。

我从小跟着奶奶长大，直至我上大学离开家。每年假期我从未想过要外出旅行或者留校打工，因为想要回家陪奶奶。我和奶奶约定，我出嫁时也要把她带上，但是，奶奶还没有等到我学成归来就离开了我。

哪怕我知晓人死不能复生，也依然说服不了自己，我拒绝所有人在我面前谈起她，我欺骗自己奶奶还在。直到有一天，我忽然意识到，从小奶奶教过我那么多朴素的人生道理：做人要诚实，做人要守时，做人要善良等。她的离开也让我明白了告别是我们人生中谁都无法避免的一场体验。

亲人的离开，我们阻止不了，就像终有一天我们也阻止不了自己的离开一样，伤心、痛苦、悔恨、愧疚都是真实的表达，但是，请给自己一个期限，过去的已然成为经历，珍惜现在，活好当下。

如果你正处在贫困中，那就把贫困当作一种体验，连续一周吃泡面，一年不添置新衣裳，但是请不要沉浸其中，努力试着用你的头脑与双手摆脱贫困。

如果你正在失恋中，那就把失恋当作一种体验，你可以像鲍鲸鲸写《失恋33天》一样，把自己的失恋故事写成小说，并且编成剧本搬上荧屏，不失为一种选择。

如果你正在失业中，那就把短暂的迷茫当作一种体验，换个方式、换个角度重新审视自己，它绝对不是你事业的终点，而是可以成为你开启另一种人生的起点。

如果你正在旅行的路上，那就把新鲜感、好奇心当作一种体验，无论旅途结束后面对的是什么，都要好好享受当下的美好。

我不知道你正在体验着什么，但请相信自己，只要还在努力，一切不如意都是暂时的，终会获得更好的人生体验。

从根源上摆脱抑郁状态，防止复发

虽然抑郁症是一种令人头疼的心理疾病，但并非不可治疗。美国学者卡托尔提供了以下 14 种摆脱抑郁状态的方法。

（1）有规律的生活。如早睡早起，按时吃饭，工作也是如此。按照某种秩序生活，可以保持一种舒适的自然状态。

（2）让自己保持整洁、干净。有些人不在意仪容仪表，邋遢的环境也会引起抑郁。

（3）始终坚持学习和工作，给自己制订学习计划和工作计划。

（4）对待自己身边的人要大度，不要斤斤计较，同时也要学会定时排压。

（5）让自己处于一种终身学习的状态，用知识丰富自己。

（6）不要害怕困难，要迎难而上，克服困难。

（7）不管大事小事，都要采取科学的处理手段；就算心情不好，也要控制自己，不让自己失态。

（8）用不同的态度和方式接纳不同的人。待人接物要灵活，与什么样的人接触，就要采取相应的对待方式。

（9）让自己的生活情趣更多一些。

（10）不要攀比，远离不健康的生活方式，生活要自然一点，洒脱一点。

（11）可以养成写日记的习惯，或者记录生活中的点滴，以此宽慰自己。

（12）敢于接受失败。

（13）尝试新生活或者新工作。当自己觉得痛苦、压抑时，就需要改变一下生活方式。

（14）多去社交，多结交阳光的、充满人情味的朋友。

04　走出恐惧，做生活的勇士

人之所以会感到恐惧是因为要面对许多未知，就像老年人害怕死亡一样，因为他不知道死亡后会发生什么。现实中，除了死亡我们还会面对各种未知的事情，不知道明天的面试能不能通过？不知道自己会不会找到如意郎君？不知道明年是否是风调雨顺？但是我们能因为恐惧就不继续生活吗？我们唯一能做的就是锻炼自己面对未知时的勇气与能力。

你在恐惧什么

人的内心中总会有害怕的东西、人或者事，没有哪一个人完全没有害怕的事情，即使是世界上最胆大的人，也有害怕的东西，他可能不怕死，但有可能他怕失去最亲爱的人。每个人都是不同的个体，都有自己害怕的东西。

如果你只是一个外人眼中胆大的人，恐怕只有你自己知道你最害怕什么，也许是黑夜，也许是凶神恶煞的人。

如果你是一个开朗的人，一个爱笑的人，喜欢和你身边的人开玩笑、打闹，即使有的人对你开了很过分的玩笑，你也不会生气。这也许不是因为你的脾气有多好，而是因为你内心深处害怕孤单，害怕没有人能够陪伴你，所以你有时会若无其事。

如果你有很强的自信心，很强的能力，你是一个十分智慧的人，各种主意张口就来，但你内心深处可能是一个爱嫉妒的人。所以你要比别人更努力、更强大，因为你害怕不如别人，害怕别人超越你。

　　每个人都有自己内心深处的恐惧，只有了解自己，才能找到自己害怕的对象是什么。

恐惧源于对未知的不安

　　当当曾经是一个非常健康、乐观的女孩。在一次工作中她晕倒了，经过简单治疗，她恢复了健康。当当认为，那一定是疲劳所致，没有太在意。但接下来她的身体状况越来越差，几乎无法支撑她继续工作。无奈之下，她去医院做了检查。医生告诉她："你得了白血病。"当当差一点儿晕倒。白血病是一种高致死率的重症疾病，她非常害怕，连续几天失眠，身体状况持续恶化。与她住在同一病房的一个同病相怜的小病友，却非常乐观，甚至鼓励当当："你一定没事的。我这么小，你这么大。我没有事，你更没有事。"

　　在小病友的鼓励下，当当的紧张情绪有所好转。但是，死亡的阴影一直笼罩着她。当当好奇地问小病友："你不害怕自己得的病吗？万一有一天它带你走，怎么办？"小病友笑着说："我害怕呀！但是，它不可能带我走的。因为我不想走，只要我不想走，它就无法带我走；现在，我与身体里的疾病成了好朋友，我不怕它，它反倒会怕我了！"当当不解地问："为什么？"小病友说："因为我觉得，我的身体会一天一天好起来的！"

虽然小病友还不能完全理解生命与死亡的关系，至少帮助当当打开了一个心结：只要有求生的欲望，就能远离死亡。因此，她后来的心态越来越好，也能完全配合医生的治疗。几个月后，当当进行了骨髓移植，手术取得了成功。当当病愈出院后，回到自己的工作中，仿佛换了一个人，每天保持精神饱满，而且不再惧怕死亡。所以，远离恐惧的最好办法，就是乐观一点，感恩生命。

恐惧源于未知，未知具有诸多不确定性，因此无法给人带来安全感。死亡是未知的，前途是未知的，梦想是未知的，要想克服恐惧，我们就要面对未知，调整心态。

对自己的恐惧负责

作家王小波说过一句话："我的灵魂里是有很多地方玩世不恭，对人傲慢无礼，但是它是有一个核心的，这个核心害怕黑暗，柔弱得像是绵羊一样。只有顶平等的友爱才能使他得到安慰。"害怕黑暗，因为我们看不见，从而产生压迫感和恐惧。

恐惧是一种情绪，人感到恐惧时常见的症状有脸红、眩晕、颤抖、恶心、紧张、呼吸急促等。当恐惧来临时，人们可以迅速感受到并产生与恐惧相关的生理变化。比如当一个人听到噩耗时，就会产生恐惧，并引起巨大的心理变化。恐惧会让人变得无所适从，一些人在恐惧的影响下会失控，甚至还会攻击他人。恐惧的形式有很多种，借助以下案例阐述其中一种。

有一名中学生平时的学习成绩一直不错，在班里名列前茅。他的班主任老师坚持认为，只要他正常发挥，就能考上重点大学。当拿到高考成绩单时，大家都傻眼了，他不但没有考上重点大学，而且连二本的分数线都没有达到。

高考发挥失常是常见现象，老师帮助他分析高考失败的原因，发现原来不是因为他不会做题，而是因为他过于紧张，害怕失败。老师对他说："不论如何，寒窗苦读这么多年，你一定要对自己负责。如何才是对自己负责呢？就是'明知山有虎，偏向虎山行'！要有破釜沉舟的勇气，要甩掉包袱才行。你的恐惧，无非担心考不好，考不上，结果呢？你被恐惧影响了。"他接受了老师的建议，选择了复读。这一年，他的心态发生了变化，不再害怕紧张，而是大胆地迎接高考。最终，他如愿考上了重点大学。

恐惧除了源于未知，也可能来自人自身。现实生活中，有些人总是疑神疑鬼，过着一种担惊受怕的生活。比如参加高考的人担心考不好；准备面试的人害怕表情严肃的面试官。为什么害怕？原因更多的是不自信，或者自己的能力不足以胜任。如果你自信一点，或者通过学习提升自己的能力，就会减轻这种恐惧感。换言之，人们可以通过科学的方式方法战胜恐惧。那么，克服恐惧、战胜恐惧的方法都有哪些呢？以下几条建议仅供参考。

1. 敢于挑战恐惧

如何理解"挑战恐惧"这个概念呢？若你害怕考试，那就多参加各种各样的考试。只要一个人经历的事情足够多，也就不怕了。有一名煤矿工程师，他第一次下矿井时非常害怕。师傅说："现在你肯定是害怕的，如果你每天在下面走三圈，你就不害怕了。"煤矿工程师接受了这个建议，于是每天沿着井底隧道往返三圈。通过多次这样的锻炼方式，煤矿工程师战胜了恐惧，他说："恐惧是自己制造的，只要你揭开了恐惧的真实面纱，也就能战胜恐惧。"

2. 探索自己的内心

如何才能探索自己的内心？很简单，对自己提问即可。有些人害怕登台表演，就可以这样问自己："你为什么要登台？既然登台是为了实现梦想，你害怕什么？"借助自我追问的方式，就能找到恐惧真正的源头。一旦你有了答案，也就能摆脱恐惧。另外，冥想也有助于我们探索自己的内心，找到阻碍勇气的障碍，并排除这种障碍。

3. 营造一个空间

当人感到恐惧时，就会失去安全感，并很难在这个令人恐惧的地方继续生活了。在这种情况下，最简单直接的办法就是换一个空间，或者营造一个新空间。有人问如果没有条件换一个空间呢？在我看来，可以将空间内的布局，或者家具的位置进行适当改变，并且让整个空间保持通风状态。这种营造新空间的办法也非常管用。

4. 学会调整气息

当人感到恐惧时，可能会出现呼吸不畅等问题。如果我们提前学会调整气息的方法，呼吸会有所改善。有一位医生常常感到恐惧，在朋友的建议下，他开始游泳。通过一段时间的游泳，他的心肺功能有了明显改善，而且掌握了一种呼吸技巧。另外，他惊奇地发现，自己曾经害怕、恐惧的东西也消失了。

5. 给自己积极的心理暗示

有些人在登台表演之前，会感到害怕、紧张、恐惧，若带着这样的情绪上台，就无法正常发挥水平。所以，在登台之前，应给自己以积极的心理暗示，暗示自己："我一定行，不要害怕。"这样的激励和暗示，通常能产生很好的效果。

在每一个时刻觉知自己

人是一种有感情的动物，有七情六欲。只要我们热爱生活，生命就会多姿多彩。我是一名电影爱好者，有时候，我会沉浸在电影情节里，或者把自己当成电影里的某个角色，并感受这个角色。

事实上，每个人在不同的场合都扮演着不同的角色。在家里，你可能是儿子，还可能是父亲和丈夫；在工作中，你可能是员工，还可能是部门管理者。在不同的场合中，你会感受角色在其中的变化，从而感受生命的变化。

很多时候，我们之所以会紧张、害怕，是因为无法感受到自己。有人甚至问："我在哪儿?""哪儿"此时并不是一个方位名词，而是代表了人的一种失落的状态。如果我们能够借助冥想去归整自己，就能感受到自己的呼吸、心跳，感受到自己的肢体，以及肢体在与其他物体接触时的真实感受。当这种"自我感受"越来越强，甚至当这种久违的感觉重新回到自己的身体时，一个人也就找到了真实的自我。

有人说："我曾经有一种若有所失的感觉，这种感觉让我痛苦，没有安全感。后来我发现，是我自己把自己忘在了某个地方。当我找回'它'时，我就没有了这种若有所失的感觉。"这种"若有所失"的感觉同样是一种"分离"，这种精神的"分离"总会带来麻烦，总会给人一种"梦境"感。

当你觉知能力较差时，你可以多与人交流，积极参与有意义的社会活动，用行为去感受自己的生命，继而找到真实的自己。

05　熄灭怒火，享受平和的人生

在很长一段时间里，我的座右铭是以平常心面对生活和工作中的诸多问题。这不是"事不关己，高高挂起"的冷漠，也不是一种无所谓的心态，而是让自己保持情绪稳定，凡事淡然处之。我们无法预测对方是怎样的人，比如身上有没有管制刀具，开车的人有没有路怒症，大街上的狗有没有打狂犬疫苗等。

我们能做的就是让自己平和下来，不激动、不愤怒，矛盾、问题终会得到解决，但绝不是靠暴躁的情绪来解决。

测试：你会表达愤怒吗

人的心情就像天气一样会不断变化。正如一位感性的诗人，有时候，他的诗很悲伤；有时候，他的诗句里面充满了欢乐。每个人都可能有过发怒的经历，生气是人的一种常见的情绪宣泄方式，当你遇到不痛快的事情时，有可能会生气。愤怒有许多种类型，如果我们了解愤怒，并且了解自己的愤怒类型，就能帮助自己控制脾气，及时息怒。

1. 一点就炸型

一点就炸型愤怒，也叫炸药型愤怒。这种人脾气很大、性格很急，而且不给对方留退路。一旦发脾气，就是雷霆万钧。我见识过一对情侣，因为一件衣服，女人埋怨男人小气，男人竟然突然暴怒，给了女人一耳光，并大骂对方。这一幕让许多人都傻了眼，有人在旁边劝说，但是效果不佳。其实，一点就炸型愤怒是很难纠正的。只有改变自己的性格，尝试去换位思考，才能改善这种状况。美国情绪管理专家罗纳德说："暴风雨般的愤怒，持续时间往往不超过 12 秒钟，爆发时摧毁一切，但

过后却风平浪静。控制好这 12 秒，就能排解负面情绪。"如果
一个人准备发怒的时候能给自己 12 秒钟的深呼吸时间，就能缓
解震怒。

2. 背后生闷气型

还有一些人生气时并不会大发雷霆，而是偷偷生闷气。
中医学讲，生气是导致疾病的元凶之一，可引发与肝胆相关
的疾病。许多人在工作中受了委屈，碍于情面，不得不忍气
吞声。长期压抑自己的情绪，会导致身心不健康。生闷气时
要学会适当减压，如听音乐、跑步等都可以缓解；找朋友诉
苦，倾诉也是一种很好的缓解办法；或者直接向惹你生气的
人表明态度。

3. 摆脸色型

有些人总是板着一副臭脸，仿佛有人欠他钱。这种类型的
人也很多。某企业老板总是板着一副脸，员工也不知道原因，
他说："你们的工作不是这里做不好，就是那里做不好，我如何
才能开心？"原来，他经常板着脸是由于他对员工要求太高，他
的心理需求总是无法满足。要想解决这个问题，就要降低所谓
的标准，用高标准去要求自己，而不是要求别人。如果是企业
老板，完全可以用制度去约束员工的行为，自己没有必要天天
生气，因为这不仅让别人难堪，也让自己难堪。

4. 自虐型

这种愤怒是自己跟自己生气。有个年轻人对工作非常认真，对自己的要求也很高，但是，一旦结果不理想或者出了问题，她总会埋怨自己。其实，这些完美主义者是对自己的要求太高了，他们忽略了一个问题：并不是所有的结果都与人有关，也可能与环境有关。要想缓解自虐型生气症状，就要经常扪心自问："这件事到底是谁错了，是我吗？如果不是我，应该如何处理？如果是我，我的责任占多少呢？我要如何承担责任并改正这个错误呢？"通过这种方式，可以帮助改善自虐型生气。

5. 攻击型

在所有的愤怒类型中，攻击型愤怒是破坏力最强的，甚至比一点就炸型愤怒还要可怕。几年前发生了一件事，两个年轻人在某火锅店吃饭，因为观点不同发生了争执。其中一个大发雷霆，不仅恐吓对方，而且端起火锅泼向自己的朋友，导致对方身体大面积烫伤，而他也因故意伤害罪被判了有期徒刑。其实，这种人经常感到内心不安，他们用攻击对方的方式让自己获得安全感。攻击型愤怒的人，往往也伴随较为严重的心理障碍。如果发现自己存在这样的状况，最好找专业人士帮忙，或者去心理门诊进行检查、治疗。

每个人都有自己的脾气，也会有不同类型的发怒方式。但是，发脾气并不是处理问题的最好方式，要找到自己的愤怒类型，想办法缓解自己的愤怒，只有这样，我们才能做更好的自己。

人为什么会愤怒

迦尔托斯曾说："愤怒是一种最坏的感情。它可以顿时改变一个人的脾气，造成坏事，并让一切卷入它的毒焰。"愤怒总能蒙蔽一个人的双眼，让这个人做出坏事。王小波认为："生气是对自己无能的愤怒。"

古希腊哲学家亚里士多德认为："愤怒，就精神的配置序列而论，属于野兽一般的激情。它能经常反复，是一种残忍而百折不挠的力量，从而成为凶杀的根源，不幸的盟友，伤害和耻辱的帮凶。"愤怒具有一种自我保护作用，当自己的生命受到威胁，这种"不安"就会产生愤怒。但是，愤怒并不能解决问题，反而会延误处理问题的时机。

人的愤怒行为是非常复杂的，一方面有遗传因素，另一方面与性格、环境相关（有些女性在特殊生理时期因荷尔蒙的变化也会产生愤怒）。只有当威胁警报解除，人体内的激素恢复到正常水平，人才能消气。愤怒是一种不理智的行为，愤怒的人会做出不理智的事情。因此，我们要想办法保持理智，让自己的人体内各种激素处于正常水平。只有这样，我们才不会轻易生气。

让愤怒的能量在身体里流淌

愤怒是一种"气"，会对身体产生伤害。于是，人们通常会将这种"气"排出体外，即发脾气的过程。有的人会大发雷霆，将所有的"气"瞬间排出，这种做法会给周围其他人带来伤害。还有一些人会生闷气，一直闷闷不乐，"气"不但没有排出，而且瘀积在身体里，对身体造成伤害。许多肝胆不好的人，多半是生闷气导致的。有人问，如何才能将"气"平稳地排出体外，以及如何将体内的怒气转化为有利于身体的气息呢？这可是两个难题，需要一个人有极高的修为和品格，能够拿得起、放得下。

控制情绪，别让愤怒大爆发

人的各种情绪中，愤怒对人的损害最大，很多人犯罪的原因都是由于无法抑制住愤怒。医学发现，愤怒也是触发脑出血、高血压、心肌梗死的主要因素。要想管理愤怒，让情绪平和下来，心理学家建议可以从这几个方面入手。

1. 听音乐

听音乐可以控制情绪，是我在日常生活中的经验，加以广泛调查所总结得出的。许多人生气的时候，尤其是生闷气时，听一点舒缓的音乐可以缓解怒气。因为音乐还能给人带来愉悦的感受，培养一种听音乐、欣赏音乐的兴趣，能提升自己的生活品质。

2. 跑步

这个方法也是屡试不爽的。有一名白领工作压力很大，调整工作岗位后，对新工作不适应，经常生闷气。朋友建议他下班之后去跑步。于是他接受了建议，制订了跑步计划。当每次大汗淋漓地回到家后，他发现自己的状态比之前好了很多。由此可见，跑步也是一种"排气"方式。

3. 自我取舍

人生气绝大多数是因为欲望太多。如果我们能够控制自己的欲望，或者把得失看得淡一些，也就不会那么生气。其实，舍得是一种智慧，只有做出舍弃，才能得到想要的东西。

4. 转移注意力

生气时所有的"气"集中于一点，然后就产生了巨大的

"爆破力"。如果一个人总是生气，不如尝试一下将"气"转移到其他地方，也就是转移注意力。

5. 寻根溯源

每个人发脾气的起因都不同，有些人生气是因为欲求没有得到满足，有些人则因为不公平的待遇，还有一些人是自己生自己的气……如果我们能够找到自己生气的原因，就能有针对性地进行自我诊疗。

6. 找朋友谈心

生气时最简单、直接的办法就是找个人吐槽、诉苦，而且效果非常好。这就需要我们在日常生活中多与朋友交流，找到一个知心人。除此之外，旅游或者吃美食也能起到良好效果。

学会适当地表达愤怒

当愤怒来临时，首先，要分散自己的注意力。你可以试着：默念从一到十；去一个无人的地方大声喊叫；摔打枕头、撕纸片；给好朋友打电话倾诉一番；等等。总之，通过分散注意力克制对刺激物的瞬间情绪反应。

其次，要厘清思绪。有时候只是一件无足轻重的小事，就能让你变得气急败坏，怒不可遏。到底是什么点燃了你心中的怒火？你可以试着问问自己这些问题：你受到伤害了吗？他/她是有意还是无心？别人肯定是故意的，你确定吗？是不是你太敏感了？情况真的严重到让你暴跳如雷吗？有没有不靠发怒解决问题的方式？你大吼大叫到底是想达到什么目的，是让对方望而生畏，还是希望和他沟通？然后你再试图回答这些问题。只有这样，你才知道接下来该做什么。

最后，表达自己的不满。一旦觉得已经控制了情绪，你就可以表达自己的感受了。但请注意，表达时要真诚，但不要降低自己的底线。心理学家托马斯·高登为我们推荐了一个方法：说出自己的感受，但是不能站在别人的立场。

以幽默的态度对待愤怒

愤怒，归根结底是人对客观事物不满而产生的一种心理情绪。美国心理学家韦恩·戴尔在《你的误区》中称愤怒是指当某人在事与愿违时做出的一种惰性反应。美国的一项研究表明，多数发怒的持续时间是一分钟到两天，平均为十五分钟。外向型的人容易通过表情、动作、言语表现出愤怒，常常是暴跳如雷，寻衅发泄，乱摔东西，甚至打人、伤人；而内向型的人一般是缄口无言，怒目相视。前者是发泄型，怒气来得猛也消得快；而后者的怒气则来得慢、消得迟。

客观地说，愤怒并非全是一种消极的心理品质。在特殊的情况下可视为一种正义感的宣泄。如在战场上以愤怒的情绪为战友报仇，像黄继光那样愤怒地用自己的胸膛堵住敌人的枪口；如李高成那样愤怒地掀翻一伙腐败分子聚餐的餐桌等（电影《生死抉择》片段）。但生活中愤怒更多地表现为一种遭遇挫折时的情绪反应。古人说的"怒从心头起，恶向胆边生"，极度的愤怒会使人陷入疯狂状态，会使人失去自制力。从心理学角度看，愤怒会干扰人与人之间的思想沟通，阻碍感情交流，甚至危及人的前途；从病理学角度看，愤怒能引起高血压、心脏病、胃溃疡、精神衰弱等病症。所以有人认为愤怒时把怒气发泄出来比憋在心里好得多。那么如何才能减少愤怒或不让自己愤怒呢？

1. 不要对其他人有过高的要求

如果我们总是要求别人，就会处处觉得对方不合自己意。但是，我们凭什么要对别人提要求呢？我们应该严格要求自己才对。比如：老师应该给学生提要求吗？我想，与其给学生提要求，不如通过科学的教学实践提升学生的综合素质，培养学生严格自我要求的习惯。这种方式不仅能奏效，还可以缓解学生的消极情绪。

2. 尝试去换位思考

换位思考就是站在对方的角度思考问题，唯有换位思考才能产生同理心，才能了解对方的需求，才能发现对方的难处。如果我们每个人都能养成换位思考的习惯，就能体谅他人、谅解他人，不再因鸡毛蒜皮的小事而生气。

3. 学会放下

放下，是一种智慧。就像拿在手里的东西太重，走久了就会累。有一些人总是为了面子而生气，为了尊严而生气，与其这样，不如试着放下。放下不是舍弃，是一种接纳，懂得放下，也就能减少愤怒。

4. 承受挫折

有些人经不起磨难，遇到一点挫折就会伤心难过，甚至愤怒。说到底，就是自己太过于脆弱。所以，要想让自己变得强大，就要多经历磨难，从磨难中锻炼自己的意志，让自己变成一个坚强的人，一个敢于面对一切的人，一个能承受挫折的人。只有这样，自己才不会因受挫而愤怒，也不会因失败而气馁。

5. 培养耐心

有些人性格非常急躁，遇到事就会发脾气。一个缺乏耐心的人，不会把事情做好，甚至越做越坏。人应该培养耐心，改掉急躁、毛糙的毛病，做任何事都要"三思"。对他人要有耐心，要宽容大度，尤其是对自己的亲人、朋友、同事，只有这样才会建立良好关系，才能把事情做好。

6. 让自己变得幽默

弗洛伊德认为："并不是每个人都能具有幽默态度。它是一种难能可贵的天赋，许多人甚至没有能力享受人们向他们呈现的快乐。"幽默能让一个人变得乐观，一个乐观的人，自然就远离了消极情绪，如愤怒、抑郁等。

PART 3

自我升华：活出最佳的"心"状态

01 职场"心"状态：工作可以很轻松

在职场中你身处什么职位？办公室的环境，以及人际关系的好坏，是否影响着你上班的心情，你每天是悲观消极还是充满激情？在职业生涯中会遇到诸多的问题，你如何应对？你的职业在给你带来物质财富的同时能否满足你的精神需求？你的职业近几年的发展前景怎样？你的岗位是否有不可替代性？你的职业有没有发挥出你的特长？这一系列的问题决定了你在工作中的状态，也与你的健康息息相关。

测试：你在职场中的角色

不同的人在不同的工作环境中扮演着不同的角色，不同的角色又会赋予其某种责任，会有不同的成绩或成就。工作中，你属于哪种职场角色呢？

1. 支配型角色

支配型角色是一种典型的"以目标为导向"的职业角色，这种角色的人做事非常严格，而且为人直率。但也有一些缺点，他们固执己见，很难接受他人的意见。现实中，这样的人非常多。要想改正自己的缺点，还需要多尝试接受他人的建议。

2. 影响型角色

这种角色的人，总会给他人留下好印象，并且这种良好的印象也会潜移默化地影响其他人。这类人性格非常活泼善于交际，而且热情奔放。另外，这类人还非常乐观，是职场里的乐天派。

3. 完美型角色

这种职场角色的人倾向于做事完美，善于分析问题，并且做事一丝不苟。团队中大都渴望有这样一个角色，因为他们能够完善整个团队的工作。

4. 稳定型角色

稳定型角色的人性情平和，善于倾听他人意见，非常有耐心、谦逊低调，做事委婉。这类人是团队中的稳定元素，是中流砥柱，是不可或缺的。

莫让职场负面心理俘虏你

人在职场身不由己，许多事情并不是自己想要做的。有些人工作一段时间，总会感到压抑，也会因此患上心理疾病。

朱丽文是某公司白领，名校毕业，有傲人的学历，对自己的要求也非常高。她从事市场开发工作，经常与客户打交道。后来，公司将她调至其他片区负责市场开发。在新片区，她面临着新挑战，渴望取得好成绩。但是新片区的同行竞争十分激烈，而且对新品牌有强烈的敌视和排斥。

朱丽文为了打通市场，几乎找遍了各种关系和门道。即便如此努力，当她回总公司做述职时，由于业绩差，也被老板点名批评。因此，朱丽文的压力非常大，但只能硬着头皮继续上。回到工作中，她的新业务似乎并没有多少进展，令她非常头疼。此时有朋友建议她："实在不行就辞职吧，不要继续做了。这样的硬骨头还是交给其他人吧!"朱丽文不听，依然继续尝试，但是最终无功而返。后来，公司调她回总部做人事工作。换言之，她失败了。此时的朱丽文精神开始崩溃了，经常失眠，而且还莫名其妙地发脾气。

有一次在朋友聚会上，朱丽文突然哭了起来。朋友建议她去看看心理医生。朱丽文鼓起勇气去看心理门诊，被诊断为抑郁症。

现实中，职场人在压力之下，被心理疾病缠身的非常多。其实，心理疾病大多是由于现实中的负面情绪所影响的。要想远离那些负面情绪，可以尝试以下几种方式。

1. 适当妥协

有些人性格刚硬，不达目的决不罢休，如果坚持不到达成目标，就会发脾气。一个人经常被消极情绪所笼罩，其心理就会出问题。所以，与其坚持，不如适当妥协。妥协并不是认输，而是认清自己的能力，给自己重新选择的机会。如果你的能力只够让你造一艘小船，你去造一艘航母就显得很难。

2. 适当社交

有些人不善于社交，下班之后就把自己关在家里，但是经常这样，心理难免会出现问题。有一个年轻人工作上遇到了难题，他把自己关在家里疗伤，几天过去了，烦恼不但没有解决，他甚至开始失眠。后来，他的朋友经常约他出去聚会，参加各种活动……久而久之，他的状态恢复了，而且找到了解决工作问题的办法，逃离了负面情绪。

3. 接纳痛苦

幸福的人都是相似的，不幸的人各有各的不幸。既然每个人都有各自的痛苦，为什么不同的人却能表现出不同的生活姿态呢？如果你能够接纳痛苦，把痛苦当成自己的朋友，就不会被痛苦所牵绊；如果你无法接纳痛苦，与痛苦为敌，就会被痛苦所俘获。因此，人要试着接纳痛苦。接纳痛苦的目的在于远离痛苦，我们应当正确看待痛苦，不要太把痛苦当回事。

除了以上三种方法，我们还可以尝试分享。因为分享能够把自己的喜怒哀乐释放出去，从他人那里得到阳光的、积极的情绪，从而驱赶负面情绪。

"证霸"≠一份好工作

"证霸"这个名词大家可能并不陌生，许多人拼尽全力考取更多的证件，以备职场之需。考证有用吗？当然有用，就像是通行证，有些工作岗位需要有一定的专业证书。比如：律师需要律师执业证，会计需要会计从业资格证书或者注册会计师证书，教师需要教师资格证书，医生需要医师执业证书和医师资格证书……总之，很多工作岗位都需要用证书当作敲门砖。

普通本科毕业的年轻人王涛在一家国企工作。国企的工作环境是比较安稳的，竞争也不是很激烈。但是王涛发现，许多员工都利用这样的宽松环境在考证。同事小孙利用业余时间考取了注册会计师证书，之后便被其他公司聘用了，工资上涨了几千。除了小孙，还有许多人考了证，跳槽去了其他公司并拿到了更高的薪水。

王涛也试着考证，但是他并不是很用心，考了两次也没有考上。有人劝他："不用考证，你看咱们公司哪个领导有证？"接受了这样的观点，王涛再没有考证。但是后来，王涛所在的公司效益不好，开始实施末位淘汰制，结果王涛不幸被淘汰。离职之后，王涛意识到考证的重要性。于是，为了找一份像样的工作。王涛陆陆续续考了几十个证书，几乎可以用"证霸"来形容他。

有一次，他应聘到某公司从事会计工作。实习期间，王涛的工作能力并没表现出来。财务经理找到王涛问他：

"小王啊，你是不是从来没有做过财务工作?"王涛没有隐瞒，回答说："是的，我只是考了一个注册会计师证书，但是并没有工作经验。"

因为没有工作经验，他被调去营销部门去做营销工作。其实，王涛还有营销师资格证书……言外之意，他似乎早就为今后的人生准备好了一切。但是，这一次刚起飞的王涛同样重重地摔在了地上。

王涛的压力越来越大，他似乎找不到更好的办法，只是继续不停地考证。直到有一个朋友告诉王涛："证书虽然有用，但是你的工作能力要与证书相匹配才行。如果你的工作能力与证书不匹配，同样找不到好工作；即使找到了好工作，也会因自己的能力无法达到要求而被解雇。"王涛意识到这个问题，于是在自己的特长和专业方向上发力。他是学习土木工程专业的，于是他就在自己的专业领域里考取了一个证书，最后去了一家建筑公司。在这家公司，王涛终于找到了自己的位置，几年后，他升任项目经理的职位，年薪高达几十万元。

"证霸"不等于能找到好工作，"资格证＋能力"才能驾驭一份好工作。甚至，能力有时比证书更重要。

为别人打工未必那么可悲

提到"打工"，有些人认为打工不好，打工总会让人瞧不起。难道打工真的让人瞧不起吗？

王牧是一个典型的农村孩子，家境也不好，高中毕业之后，就去南方打工。他最早在一家电子厂上班，后来换了一份工作，从事生产管理工作。从流水线到管理岗位，体现了他价值的倍增，他的生活条件也因此得到了改善，回老家给父母翻新了房子。

王牧并没有自己当老板，而是继续打工。他又来到深圳，入职一家知名的外企，依然从事生产管理工作。工作七年后，他已成为高级生产管理者，此时的他已经算是中产阶级，还在寸土寸金的深圳购买了大房子。

王牧并没有停止脚步，他说："我可以随时选择一家自己喜欢的企业，找一份自己喜欢的工作。"王牧又从这家外企跳槽到另一家世界五百强企业，从事高级管理工作，此时的他已拿到上百万元的薪水了。于是，他将父母从农村接来，并且给父母购买了房子。王牧凭借自己的本事赚到了钱，过上了令人羡慕的生活，不但受人尊重，而且用自己的经历重新定义了"打工"。

打工是为了谋生，创业做老板也是为了谋生。无论是打工还是做老板，都是为了赚钱。只要能赚到钱，就能改善自己的生活。如今，创业失败者有很多，成功的打工者也有很多。所以，为别人打工未必是一件丢人的事。

给自己足够的职场安全感

职场安全感来自哪里？在我看来，它来自以下四个因素。

1. 薪水

虽然金钱不能解决所有问题，但没有金钱不一定能解决问题。换言之，金钱可以给人一定的安全感。职场人，需要拥有符合自己身份和能力的薪水。如果你的努力和能力没有换来与之匹配的薪水，就会失去安全感；反之，你将会获得安全感。因此，职场人应该想办法让自己的能力和付出的努力与薪水相匹配。

2. 上司

有人说："如果遇到了一个好上司，自己的人生就会发生改变!"但是千里马常有,伯乐不常有。如果你在工作中遇到了好上司,一定要珍惜,并与其搞好关系;如果没有遇到好上司,也不要与其对抗,可以在合适的机会选择跳槽。

3. 同事

职场人绝大多数时间要与同事一起工作。如果与同事搞好关系,同事就是朋友、助手;反之,会给职场带来麻烦。因此,要与自己的同事和谐相处。

4. 其他人员

除了上司和同事,客户等其他相关人员也可能决定你职业生涯的"生死"。对于一名营销人员,与客户处好关系是非常重要的,如果被客户投诉会给自己带来麻烦。

在职场焦虑时刻,悦纳当下

许多职场人都有过焦虑、抑郁,或者曾被大量负面情绪所困扰。该如何摆脱这种状态呢?可以参考以下案例。

陈小帅在一家外企上班,是一名不折不扣的白领。陈小帅的工作环境一直是非常舒服的,直到公司来了一位新上司。新上司对企业管理模式进行了改革,强迫员工彼此竞争，优胜劣汰。

当工作环境发生变化后，陈小帅也改变了日常工作习惯，下班之后开始努力学习，提升自己的技能。在一次技能比赛上，陈小帅获得五人组的第三名。陈小帅原本觉得这样的成绩也说得过去，但是通报结果下来之后，他惊出一身冷汗。陈小帅的上司通报："前三名留下，后两名淘汰！"被淘汰的员工被调至其他部门，工作环境和收入都不及现在。

陈小开始有压力，并开始失眠。虽然他有计划地调整自己，但是并没有解决实质问题。第二轮考核开始之前，他实在顶不住压力，找朋友诉苦。朋友劝他说："每个上司都有自己的管理风格，或许他觉得员工竞争性的管理方式才是最好的。同样，或许你也能感觉到，这位上司的业绩比之前任何一位上司的业绩都要好！"陈小帅点点头："是啊，他确实做出了业绩，激发了所有员工的工作潜力。"

朋友建议陈小帅："与其唉声叹气，不如想办法适应这个环境，悦纳当下！"

后来，陈小帅在朋友的建议下开始练习瑜伽，并养成冥想的习惯。一段时间后，他悟出了一个道理：倘若能够悦纳当下，就能化解当前问题；如果不能接受现状，那就换一个环境。

在这种心态下，陈小帅轻装上阵。工作上，他依旧态度认真，与同事搞好关系；工作之余，他加强学习，提升自己，还会留出时间与朋友、亲人聚会。没想到，陈小帅的业绩越来越好，上司似乎也开始对他欣赏有加了！后来，陈小帅总结出了一套"职场适应法"。

1. 掌握一套让自己心静的办法

人在惊慌失措时，就会做出许多愚蠢的事，无法帮助自己提升能力和修养。陈小帅选择瑜伽和冥想让自己心静。瑜伽不仅可以改变人的气息，让人处于平和的状态；还是一种非常好的休闲健身方式，能让人忘记烦恼。与此同时，他还开始冥想。当他感觉到世界上还有许多美好的事物等着他去发现时，他就不再自责，也就不会对自己的糟糕表现感到压抑。慢慢地，让自己静下心来，不仅改变了他的性格，还让他做事更加沉稳有度。

2. 尝试感受不一样的环境

是什么让他开始压抑？是工作环境和考核方式的变化。上司换了，整个环境就变了。但是，如果陈小帅不适应这样的环境，就要被淘汰。其实，一个人在紧张的环境下，要么选择适应，要么选择离开。陈小帅选择的方式就是接纳这种环境，然后改变自己，让自己融入并适应新环境。在尝试接纳某项新事物的时候，我们还要调整状态，让自己松弛下来，而不是紧张对立。如果你对准备接纳的事物怀有敌意，也就无法适应它。

通过以上两种方法，我们也可以像案例中的陈小帅那样去适应新的环境，悦纳当下；也能改变自己在职场中的那种紧张、没有安全感的状态，让自己变得更好。

把工作当成艺术对待

在电视剧《师傅》中，李幼斌饰演的一名工人，才 40 岁就成了厂里最年轻的八级焊工。他对他的三个徒弟说了一句引人深思的话，"你们要把焊工工作当成一种艺术来做"。把工作当成一门艺术，这也是我们应该持有的态度——对自己所从事的工作，无论喜欢与否，都应该做到尽职尽责。

如果每一名员工都把工作当成艺术对待，都用心去思考工作，把全部精力投入工作，用全部智慧去创新工作，那么，工作的成果、产品的品质自然也就会显现出来。一个把工作做到极致的人，会把自己的工作成果当成艺术作品，用心对待每一道工序。他会严格地控制好生产参数，严密地监控生产过程，严谨地观察生产状况。在生产过程中，善于发现问题，分析事故或产品质量存在的问题及查找原因，勤于总结经验教训，并引以为鉴。

不论我们的工作是怎样的卑微，都当付诸工匠精神，保持积极向上的心态，满腔热忱投入工作。这样，不论在什么岗位上，我们都会成为行业中的能工巧匠。

合理安排时间，让你的职场更从容

罗曼·罗兰说过，人们常觉得准备的阶段是在浪费时间，只有当真正的机会来临，而自己没有能力把握的时候，才能觉悟到自己平时没有准备才是浪费了时间。时间就是生命，时间就是金钱。人要想让自己活得有价值，就要合理利用时间、管理时间、掌控时间。如果你能够合理安排时间，就能让自己在职场中获得更多主动权，让自己的职场生涯更从容。那么管理时间都有哪些方式、方法呢？

1. 制定目标

目标是成功的关键，要给自己制定目标，并且在计划的时间内完成目标。这样能起到利用时间、珍惜时间的作用，能让自己感到一种紧迫感。

2. 抓住重点

如果你有很多事需要处理，就需要设定事情处理的优先等级，哪些事重要，哪些事不是很重要。重要的事情摆在前面做，次要的事情放在后面做，这也就是我们常常说的抓住重点。解决了重点问题，次要问题也就容易解决了。

3. 马上行动

有些人有拖延症，今日复明日，事情能拖一天是一天。到头来，一件事情都没有做好。拖延症只会让人越来越懒惰，甚至完全堕落下去。因此，如果有事就要马上行动，不要拖拖拉拉。

4. 养成习惯

今日事今日毕，今天要做的事情，绝不能拖到明天，无论如何，都要想办法在当天完成，给自己一个交代。其实，今日事今日毕是一种时间管理方法，养成了这种习惯，也就能合理地、科学地利用时间。

5. 要求时限

有些目标或任务会随时间的流逝而变得"模糊"。要想改变这种状态，就需要给自己设定时限，在规定的时间内完成某件事。这是一种强迫自己完成目标的方式，对你会有很大帮助。

6. 加快生活节奏

有些人的生活节奏很快，有些人的生活节奏很慢，还有一些人甚至与社会节奏脱节了。如今我们生活在一个快节奏的社会里，就需要让自己的生活节奏与社会节奏相一致，甚至还要更快一点来提前适应。提高自己的生活节奏也是高效利用时间的一种方法。

7. 排除干扰

有些人虽然想提高工作效率，但是总被各种事情干扰，可能被他人干扰，也有可能是自己心神不定。只有排除了一切干扰，才能让自己处于理想的工作状态，才能提高工作效率。

8. 争做第一

许多企业都采取激励机制，因为激励能调动员工的工作积极性，从而提高工作效率。如果一个企业没有激励机制，那么就要把自己当作竞争对手，挑战自己，跟自己赛跑。

9. 适当休息

人不是机器，连续工作久了，工作效率就会下降。如果你一直坚持不休息，身体也会出问题。要想提高工作效率，就要科学合理地分配作息时间，该工作的时候工作，该休息的时候休息。只有劳逸结合，才能让自己高质量地完成工作。

10. 适当放手

对于管理者而言，不要大包大揽，要适当放手，把工作交代给下属去做。这样既能让自己变得轻松，有时间去做其他更重要的事情，也能让员工获得更多机会，提升上司和员工之间的信任度。

三种勇气助你站稳职场

做任何事要有勇气，在职场中生存也需要给自己勇气。巴尔扎克曾经说："我唯一能信赖的，是我的狮子般的勇气和不可战胜的从事劳动的经历。"以下三种勇气可助你站稳职场。

1. 敢于突破自己的勇气

有些人可能已小有成就，并且开始享受自己的荣誉和地位，如果冒险，可能会"翻车"；还有一些人则是安逸惯了，不想再去突破自己了。然而，一个不敢突破自己的人，就会停滞不前甚至堕落。人要想在职场中获得更多资源，就要让自己拥有突破自己的勇气。

2. 大胆做事的勇气

有人说敢于突破与大胆做事是一回事。在我看来，大胆做事更加侧重于行动，就是给自己一种做事的勇气，只要你觉得做法正确，或者是在原则范围内的，就可以排除一切干扰，大胆去做。敢于做事，才能成就大事。

3. 原谅他人的勇气

有些人总是对自己要求松懈，对别人要求严格。自己做错了事，轻描淡写，一笔带过；别人做错了事，就会暴跳如雷。迁怒于他人是一种自私、愚蠢的表现，对人宽宏大量，懂得原谅他人才是一种勇气。

哲学家洛克认为："一个理性的动物，就应该有充分的果断和勇气，凡是自己应做的事，不应因里面有危险就退缩；当他遇到突发的或可怖的事情，也不应因恐怖而心里慌张，身体发抖，以至不能行动，或者跑开来去躲避。"勇气能让人找到自己的职场位置，在职场森林中获得安全感。

学会察言观色，治愈职场沟通顽症

人要想在职场立足，只拥有职业技能是不够的。身在职场，难免要与他人打交道。许多人并不是从事独当一面的工作，而是需要团队共同完成的工作。这样，团队中会有许多角色，你可能只是其中一种角色，只有与其他角色处理好关系，团队才能顺利完成任务。但有些人存在沟通障碍，给他人以一种格格不入的感觉，因而无法融入团队。

　　冯果果是一名办公室管理人员，她的工作就是协调公司各个部门的人事关系。换言之，这是一份需要沟通的工作。冯果果学历很高，但是性格十分内向。有一次，上司派她去了解某部门的一起纠纷事件。冯果果到了该部门，却不知道从哪里开始调查，场面一度十分尴尬。该部门的一位负责人直接对冯果果说："不用调查了，你回去吧！我们已经处理好了。"其实，冯果果知道这位负责人是在搪塞她，但她却不敢问这个似乎有点生气的部门负责人。

　　回到办公室，冯果果向上司汇报工作，但是上司很不满意地说："我让你去调查，不是让你走过场。"冯果果被上司责骂后非常失失落，她怕自己会因此失去这份工作。一个前辈见她如此难过，好心地开导她说："你不要害怕，不是每个人都会给你脸色，你看其他人中谁的态度和蔼，没有生气的迹象，你就跟他谈谈，了解一下事情真相。我想他会告诉你的，毕竟这是上级安排的工作。"

　　冯果果接受了前辈的建议，这次试着从态度和蔼的人入手。她再次来到那个部门，发现部门主任心情不错，便告诉他自己来的目的。主任并没有生气，一五一十地向冯果果交代了纠纷的来龙去脉。冯果果做完了记录，并向部门主任表示感谢。冯果果的礼貌态度也给这位主任留下了好印象。

在职场中，与人进行良好的沟通，是扮演职业角色的一个重要方面。从以上案例可知，消除沟通障碍的前提是要学会察言观色，学会找到沟通的契机。我们可以从以下3个方面入手：

1. 听语气

不同的人或者同一个人在不同的心情下，言语中都会有不同的语气。案例中的冯果果就是在对方心情较好的情况下找到了沟通契机，然后解决了问题。如果对方心情不好，或者正在发脾气，就不适合沟通。现实中，许多人因为没有把握好沟通的契机，选择在对方生气或者情绪激动的时候进行沟通，结果是"碰一鼻子灰"，不但没有得到良好的沟通，反而起到反作用。

2. 引出话题

有些人不爱说话，或者不会主动开口。如果你和对方都不开口，就会陷入尴尬。人在职场要想顺利沟通，有时需要先打破宁静。因此，你要适当引出话题，比如，你发现客户一直处于沉默状态，你可以采取问候的方式打破宁静。通常情况下，客户都会做出反应。此时你就可以按照"听语气"的方法去寻找最好的沟通时机。沟通的时候什么话应该说，什么话不应该说，也要做到心中有数。

3. 观人面

人的心情都会在脸上有所反映，尤其是眼神中，因为眼睛是心灵的窗户。语言可以欺骗人，但是眼睛骗不了人。如果学会了观人面，就能感知到对方的真实状态。达尔文在《人类和动物的表情》一书中指出，现代人类的表情动作是人类祖先遗传下来的，因而人类的原始表情具有全人类性。这种全人类性使表情成了当今社交活动中少数能够超越文化和地域的交际手段之一。有些人善于捕捉对方的表情，能从表情中获得关于愤怒、高兴、快乐、兴奋、激动、紧张、恐惧、果敢、痛苦、蔑视、惊讶的信息，从而有针对性地采取沟通对策。

除了上述三个方面，人在心境不同的情况下，也会表现出不同的肢体动作。比如紧张的时候，有些人会攥手心，或者在裤缝上来回擦手。总之，我们可以在日常生活中发现并总结一些肢体细节，解开肢体背后的"心理密码"，只有这样，才能找到最好的沟通方式，以便解决相关问题。察言观色是一种本领，通过察言观色能解决沟通难题，能消除一个人的沟通障碍，增强自信心，帮助自己在职场中立足。

不轻易传播自己的坏情绪，更不被别人的坏情绪传染

学员小李跟我讲述，她2014年初入职场时，因为当时一部电影《匆匆那年》结识了一个朋友小王。

因为小李是第一天上班，老板安排了小王带她吃午餐，初次相识并没有多少话，直至吃完饭小李都没敢问小王的名字。

在返回公司的路上，小王问小李喜欢看电影吗？小李提到了最近看过的《匆匆那年》，也许因为有了共同的话题，两个人聊了一路。回到单位，她们已经亲如姐妹。后来，两个人的关系越来越好，无话不谈。

有一天小李一到公司，就听同事说小王把自己锁在卫生间里哭，谁也不让进。小李敲开门后，小王向她哭诉了事情的来龙去脉。原来小王的丈夫不听她的劝告，一意孤行地向同事投了5000元钱，结果被骗了。

小王向小李倾诉完之后，小李抱着跟她一样充满了对丈夫的抱怨与不屑的态度回了家。到家后，丈夫跟小李讲同事投资的事情，小李在没听完的情况下就开始抱怨："你们男人是不是都没脑子，别人说什么就是什么。"她丈夫一

脸吃惊，完全不知道发生了什么，小李忽然意识到了自己的失控，因为白天受到小王情绪的影响才说出这样的话。

这正是心理学中的"踢猫效应"。一位父亲在公司受到了老板的批评，回到家后就把在沙发上跳来跳去的孩子臭骂了一顿。孩子心里窝火，狠狠地踹身边打滚的猫。这个场景描绘的正是一种典型的因坏情绪的传染而导致的恶性循环。

作为成年人，每个人都有情绪自由，但是自己的情绪不能影响到他人，一旦影响到他人也就侵害了别人的情绪自由。情绪是会传染的，甚至比感冒还迅速，如果是坏情绪，第一个受害者就是离自己最近的人。

如果你早晨起来，高兴地给家人做好早餐，又高兴地一起出门，该上班的上班，该上学的上学，我想这一天你们都是快乐的。但是，如果你早上看见洗碗池里昨晚没洗的碗，就开始咆哮，孩子起床磨蹭你又咆哮，一家人会因为你的坏情绪而纷纷逃离。

你可能会说"我是真的生气"，我不是剥夺你生气的权利，你完全可以先处理事情，再发泄情绪，顺序颠倒了，会有不一样的结果。此时，你可以与另一半沟通，不要让坏情绪蒙蔽了你的双眼，淹没了你的理性，以至于让你身边的人崩溃。我们要学会控制自己的坏情绪不影响别人，要学会处理坏情绪。

我一般处理坏情绪的办法有三个：一是把自己的愤怒发泄出来。当愤怒被发泄出来时，坏情绪就如同洪水般被排解了。二是做运动。就像心理学家沃琳·波林所言："当你感到气愤时，你会经历与运动时相同的生理感觉——肾上腺素猛增、出汗、呼吸的沉重……而运动可以将这些生理感觉发泄出来，所以消除愤怒的一个很好的方法是将愤怒转化为运动。"三是心怀感恩。只有心怀感恩才可忘掉烦恼，远离坏情绪。

化敌为友，与自己握手言和

前来找我的是一名深度抑郁症患者，她是在丈夫的陪伴下而来的，因为她已经严重到无法自理和正常生活了。我是在她丈夫的讲述中了解了她的故事。

她从小品学兼优，是老师眼中的好学生，父母眼中的好孩子，可这一切在妹妹到来之后，荡然无存。父母把更多的时间和精力放在了妹妹身上，她把不满化为沉默、孤僻，不与父母沟通。长大后妹妹的乖巧，更加讨父母喜欢，这让她更加认为妹妹是她的敌人。

对于父母说的话，她若不同意就直接怼回去，妹妹却十分听话。因此爱的天平越来越倾斜，父母经常对她说："你就不能学学你妹妹，你这样的性格，以后怎么办？"

父母说她不行，要强的她偏偏要证明自己，念书时拼命地学习，直至去北京读了大学，并留在北京做了律师，还遇到了自己的爱人。只是，无论别人眼里的她怎样，她都摆脱不掉"自己是父母眼中一无是处的孩子"。

直至发病，她不敢出门，没完没了地吃东西，吃下去的好像不是食物，而是父母欠缺的爱。于是，她开始用药，在药物的刺激下，她感觉变成了两个人。接下来，我听到了这个故事的另一部分。

妹妹没有刻意要去讨好父母，只是不想让姐姐跟父母的关系那么僵，不想让家里的气氛那么凝固。

妹妹用了自己认为最好的方式，结果却是背道而驰，所以，在姐姐离开后，她听从父母的话，大学毕业后回到家乡，从事一份稳定的工作，找了一个父母满意的丈夫，生了两个孩子。然而，姐姐成了全家人的痛，但又无可奈何，明明是至亲却连拥抱都没有，成了最熟悉的陌生人。

即使父母的葬礼，姐姐也没有出席。

妹妹从最开始对姐姐的不满到怨恨，好像成了一个死结。妹妹从老家去北京想要向姐姐讨一个说法，她要弄清楚到底有多大的怨恨连父母至死都得不到原谅。直到她看到了姐姐的样子，她才知道姐姐经历的某种"万劫不复"，终究是父母造成的。

每个人的原生家庭都会对其成长有一定的影响。近几年，对家庭教育关注度越来越高，原生家庭对孩子的成长也越来越受到重视。

还有一位来访者，他叫小刚，从小优秀，身为公务员的父母给他规划了成长道路：读名校，选择实用专业，毕业后回乡。

叛逆的小刚虽然在父母的监督下读了一所好大学，但是在离开父母之后，他越来越叛逆，竟然选择了一种"报复"的方式"回报"父母。毕业时，他因为挂科太多，没有拿到毕业证，回乡之后选择了送外卖，虽然挣的不多，也可以维持生活。

有一次，酒过三巡之后，他挑衅似的问父母："现在你们特失望吧？"父亲坦然地说道："我们从未要求你必须做什么，只是希望在你年少无知时，我们用自己的经历让你少走一些弯路，让你生活得更好一些。"

如今很多年过去了，当小刚再讲起这件事时，眼神中已透露着惭愧，不再是对父母的恨。

原来，亲密关系中的伤害很多都只是我们自己以为的，父母的态度让我们以为自己是不被爱的，父母让我们走的路让我们以为是错的。很多家庭不和谐，并不是因为是非对错，而是没有看见彼此对对方的在乎。

02　情感"心"状态：关系可以很简单

网络的便利让我们有了更多的方式结识新朋友，联络也变得更加快捷，比如打开手机打电话、发微信等就能联系到朋友。但是，为什么现代人越来越不愿意向身边的朋友倾诉了呢？虽然科技在发展，但人与人之间的关系越来越脆弱，我们可以拿着手机聊得热火朝天，面对面时却无言以对。我想这都跟你的潜意识如何看待朋友，如何看待人与人之间的关系有关。

如何做到潜意识善待朋友

有些人会表现出两面性，一面对朋友表现出宽容、友善；另一面对朋友表现出恶意、敌视。之所以会有如此大的区别，是因为潜意识是不受控制的，是一种根源性问题。事实上，我们可以让自己的潜意识变得充满"善意"。这就需要我们不断修炼自己的心灵，让自己找到爱的光芒，并让这光芒永驻。

1. 保持良好心态

有些事情并不是我们想拒绝就能拒绝的，是命中注定出现的。既然这样，我们倒不如乐观接纳，保持良好的心态。世界一直是原来那个样子，只有通过不同的心态才能看到不同的世界。如果我们的心态是积极的、阳光的，看到的世界也是积极和阳光的；如果我们的心态是消极的、悲观的，看到的世界也是消极和悲观的。舞蹈家邰丽华曾说：其实所有人的人生都是一样的，有圆有缺有满有空，这是你不能选择的。但你可以选择看人生的角度，多看看人生的圆满，然后带着一颗快乐感恩的心去面对人生的不圆满——这就是我所领悟的生活真谛。如果我们保持良好的心态，就会感受到爱的光芒。

2. 学会感恩

孟子有言："君子有三乐，而王天下不与存焉。父母俱存，兄弟无故，一乐也；仰不愧于天，俯不怍于人，二乐也；得天下英才而教育之，三乐也。君子有三乐，而王天下不与存焉。"其实这"三乐"，就是一种感恩方式。感恩是一种美德，也是一种善意。感恩他人，能让自己从中获得快乐。就像作家冰心所说："凡事顺其自然，凡事不可强求。但求无愧于心。此身乃如草芥微尘，世事转头已成空。淡然地面对，坦然地渡过。感恩，快乐，进步，忘却，大气。一切本是身外之物！没有什么是自己的，不要妄图去占有。也不要去计较什么。不要妄图改造别人，要时常警醒自己。"

3. 培养爱心

人若心中有爱，不仅可以给自己带来阳光，也能给对方带来阳光。法国诗人彭沙尔说："爱别人，也被别人爱，这就是一切，这就是宇宙的法则。为了爱，我们才存在。有爱慰藉的人，无惧于任何事物，任何人。"如何才能培养爱？培养爱，就是培养爱的能力。就像心理学家弗洛姆所说："爱是人的一种主动的能力，一个突破把人和其他同伴分离之围墙的能力，一种使人和他人相联合的能力；爱使人克服了孤独和分离的感觉，但他允许他成为他自己，允许他保持他的完整性。"我们要会识别爱，将爱与虚荣心分开；我们更要感受爱，多与友爱之人在一起，与他们交流，跟他们分享，在表达爱的同时接受爱。与此同时，我们还要尊重对方，克制自己。爱，也是一种隐忍，一种控制。安恩·拉德斯曾说："爱是火热的友情，沉静的了解，相互信任，共同享受和彼此原谅。爱是不受时间、空间、条件、环境影响的忠实。爱是人们之间取长补短和承认对方的弱点。"

如果我们能够保持良好的心态，懂得感恩，培养爱心，也就能在潜意识中友好地对待自己的朋友。

从"我"到"我们"

从"我"到"我们"是一种人生的转变与升华，也是从一个人到两个人甚至多个人的角色上的转变。有朋友说："从我到我们才是一种真正的成长和蜕变，在没有经历这样的'蜕变'的时候，我们都是自私的，总是为了自己而做出一些令他人难以想象的事情。"

有一个朋友，是大家公认的孝顺儿媳，对待公婆犹如对待自己的父母。但是她自己说："其实根本不是你们看到的那个样子，我知道婆婆这么多年操持家务，看护孩子，劳苦功高，但是我依然没有办法亲近她，我可以给她花钱买任何东西，在她生病时，宁愿出钱请护工，也不想亲自搀扶她。"她一直没有打心扉是因为在新婚第三天，婆婆无意中说她是扫把星。她21岁嫁入夫家，第一次给人做儿媳，出嫁前妈妈千叮咛万嘱咐，不可顶撞公婆。所以，她当时听到婆婆这样评价她，没有反驳，心里的痛多年来无法言喻，只能隐忍。随着时间的流逝，她的婆婆年龄越来越大，越来越需要被照顾，而她依然在孝顺公婆，没有翻过旧账，我想她开始释怀，慢慢地从"我"做到"我们"心里那个伤疤也开始在慢慢地愈合。

人跟人的关系就是这样，无论是夫妻关系还是婆媳关系，都遵循着某种能量守恒定律。我想，这也会提醒着我们，当我们与他人产生某种隔阂的时候，应当考虑是否要换一种态度去对待。在我们成长过程中，要把"爱"放在首位，把"我"放进一个群体，而不是让自己变得更加自私、冷漠、孤立。

解释，却从不掩饰

在许多事情上，人们总是找各种各样的借口。我的小学老师讲过这样一个故事。

有一天下雨，大部分孩子按时到了学校，只有两个孩子是上课之后的二十分钟才到。老师问第一个迟到的孩子为什么迟到，他的回答非常直接："老师，我今天起床晚了，实在对不起！"随后，老师问了第二个迟到的孩子同样的问题，这个孩子的回答是："老师，今天下雨，路不好走，我的书包还掉在了地上。后来雨越来越大，我只能在商店门口避雨，所以才迟到了。"老师知道这个孩子撒谎了，他只是为"迟到"找了很多借口。

身边的人为自己找借口的现象很普遍，有些人找借口只是为了面子上过得去。但是，他们没有意识到，找借口等同于推卸责任，这种方式不但起不了作用，甚至还会弄巧成拙。

孙建波从事营销工作，有一年，该企业对产品进行整体涨价，每吨货物涨价二十元。孙建波负责的片区每月有一万吨的销售量，如果涨价，每个月能增加二十万元的销售利润。

然而，孙建波因私事外出，没有接到公司总部的涨价通知，也就没有及时与客户沟通。随后，孙建波照常给客户发了一千吨货，而这个批次的货没有涨价，仍旧按照之前的价格执行。后来，上司查出了问题，便问孙建波："怎么回事？为什么没有通知客户调整价格？"孙建波知道是自己的问题，但是他却想办法掩饰这件事，于是说："那天我正在另外一家公司与客户洽谈，其间，我处理了一些突发状况，当看到公司涨价信息时已经很晚了，客户已经关机……"孙建波并没有完全撒谎，但是他掩盖了自己因办私事而耽误通知客户提高报价的行为。当然，孙建波的错误最后还是由自己承担。其实，这种错误并不是不能谅解，而是因为孙建波为自己的错误找借口而变了性质。

畅销书作者艾美·莫林这样解释这一现象：有时候，人们觉得借口可以帮他们摆脱后果。他们希望通过说"我不应该被责备"让别人产生怜悯之心，而自己不用承担责任。很不幸，找借口可以成为某些人的一种生活态度，他们坚持认为所有来自糟糕童年所产生的压力阻止了他们实现自己的目标。因此，我们不要给自己找借口，找借口只能带来不快。如果犯了错误，就要不加掩饰地和盘托出，主动承担错误，这样也能给他人留下好印象。

孩子都需要理想化的父母

有一位年轻妈妈，她三岁的儿子准备上幼儿园。很显然，三岁的孩子还不能完全离开父母，但是孩子的爸爸妈妈都需要工作。在这种万般无奈的情况下，年轻妈妈只能与儿子进行"交易谈判"。

妈妈问孩子："宝宝，如果我能满足你的要求，你能不能去幼儿园学习？"天真的孩子说："如果你给我买电动火车，我就去上幼儿园！"妈妈答应了孩子的要求，给他买了一个豪华版的电动火车。孩子去了幼儿园，而且表现得十分乖巧。后来有一天，幼儿园的老师打来电话说，孩子打架了，还咬了别的小朋友的鼻子。年轻妈妈又生气、又着急，接孩子回家后，她就开始教育孩子："你为什么跟小朋友打架？"小男孩说"是他欺负我，我才咬了他！"妈妈说："不论如何，都不要主动欺负小朋友。"后来，妈妈与孩子达成了另一项协议：只要孩子每天去幼儿园，不与小朋友打架，就奖励他看一个小时的动画片。

孩子一直在坚持每天都去幼儿园，并且做到了不打架。起初，妈妈坚持承诺，允许孩子看一个小时的动画片。后来，妈妈觉得孩子一直看动画片不利于学习，有一次就突然关掉电视，并告诉孩子："你要学习了，不能一直看动画片。"这种做法让孩子大哭起来，他说："妈妈说话不算数，妈妈骗人！"孩子一哭，爸爸开始连哄带骗地安慰孩子。妈妈最终也没有办法，只能遵守承诺，打开电视让孩子继续看动画片。

其实，在孩子的眼里，父母应该遵守承诺，满足他们的需求。但如果孩子要什么，我们就给什么，会把孩子宠坏的。一个懂得科学地教育孩子的父母一定知道：不能满足孩子的全部需求，因为孩子的需求是一个"无底洞"。

那么该如何科学地教育孩子呢？有以下两种方式。

1. 引导孩子

教育孩子并不能通过皮鞭和棍棒，而是通过引导。如果孩子的要求非常无理，就要引导他，让他意识到自己的要求是父母无法满足的，且会对自己产生伤害。引导时，父母需要将自己的姿态放平，让自己的位置与孩子的位置一样高，这样，孩子不会感到压力，也就能接受父母的引导，接受父母的看法。

2. 信任孩子

"信任是开启心扉的钥匙，诚挚是架通心灵的桥梁。"孩子与家长之间也需要信任。有时候，孩子会怀疑："我的爸爸妈妈是言而无信的人，他们总是说到做不到！"孩子希望父母能满足自己的愿望，因此，父母在教育孩子时，要尊重孩子的意愿，给孩子安全感，多与孩子沟通交流，沟通是建立信任的前提。如果能够与孩子建立友谊，那就再好不过了。获得了孩子的信任，父母才能与孩子进行协商，告诉孩子哪些要求可以满足，哪些要求不可以满足。

如果父母能够科学引导孩子，与孩子建立信任关系，多陪伴孩子，给孩子安全感和信任感，孩子不仅可以接受不完美的父母，还会体谅自己的父母。

深化人际关系

人身在社会，就要与其他人进行交往。生活需要交往，工作需要交往。良好的家庭和社会关系能让人做事顺心，如果我们没有处理好人际关系，则可能导致人与人之间失去联系。因此，维持并持续深化人与人之间的关系是极其重要的。深化人际关系的方法有很多，下面重点介绍四种。

1. 学会倾听

倾听胜过言谈，用心倾听朋友的话，就是给朋友一个可以倾诉的地方。张齐华在《倾听：让学习真正发生》中说："学会倾听是你人生的必修课；学会倾听你才能去伪存真；学会倾听你能给人留下虚怀若谷的印象；学会倾听，有益的知识将盛满你的智慧储藏室。"倾听，不仅能够赢得他人对自己的尊重，而且能给他人留下一个好印象。学会倾听能帮助我们更好地与他人交往。

2. 移情

许多人无法理解他人，归根结底是自己不懂得移情。"移情"是心理学术语，就是把主观情感移到客观事物上。如果对方向你发牢骚，你不要反感，更不要拒绝或者斥责对方。你要这样想："对方也有宣泄表达自己感受的权利，我要给他机会。"移情是倾听的基础，如果我们正在倾听他人说话，就需要移情。

3. 递进情感

对待亲情我们要珍惜，更要循序渐进，如同煲粥一样，慢慢煲才知道亲情是什么；小火慢煨，给他人以温暖。只有这样，才能让彼此间的感情递进。

4. 懂得分享

一毛不拔的"铁公鸡"是没有朋友的。做人要大方，要懂得与大家一起分享。培根曾说："如果你把快乐告诉一个朋友，你将得到两个快乐，而如果你把忧愁向一个朋友倾诉，你将被分掉一半忧愁。"与他人一起分享，我们还能获得友情和关切。

停下批判，是为了能够更好地交流

批判本义是对错误的思想或言行批驳否定，而用于批评人时，多是一种带有攻击性的对待他人的行为，是不理智的。当一个人的自我价值被否定时，在自尊心的驱使下，他会对对方进行否定和攻击。批判他人的目的在于打击对方的自信和自尊，从而自己获得满足感及短时间的快感，但是这种快感并不是真实的。还有一些人遭遇批判和否定之后，也会反过来攻击对方。因此，批判是相互的。

这种带有攻击性的交流方式，往往会阻碍人际交往。因此，我们要时刻保持理智和清醒，给自己心理暗示："是不是找对对方太苛刻了？我应该用怎样的方式与对方相处？我应该如何客观、理性地评价对方？"如果我们能不断省察自己，不断肯定自己的判断，试着去理解对方，试着去移情，就能避免批判行为，率性自在地、充满善意地与人交往。

懂得爱比爱更重要

爱是一种永恒的情感，它充满了光明，永远不灭。懂爱，才懂得人与人之间需要爱，才能不生气，才能容忍对方，才能有希望，才会充满耐心，才会相信人间自有真情在。

英国作家特拉赫恩说过："爱是人生的本性，就像太阳要放射光芒；它是人类灵魂最惬意、最自然的受用；没有它，人就蒙昧而可悲。没有享受过之欢乐的人，无异于白活一辈子，空受煎熬。"爱是本性，只有我们从自己的本性中找到爱，才能懂得爱，才会爱别人。

爱就是看见

人们常常会发出一个疑问：爱是什么？爱是一种虚无的东西吗？爱真的存在吗？举一个我自己的例子。

有一次，我和老公吵得很厉害，两个人都面红耳赤的，我更是身心疲惫，希望他能哄我。可是他回到书房，我在客厅等了一分钟、两分钟、三分钟，他还是没有出来，我的心好痛，他难道不知道我在外面流泪吗？我的心受伤了他就这样不在乎我了吗？然后，我在房间来回走动，故意路过他的书房，故意去拿纸巾擦眼泪，故意哭得很大声，想要告诉他我还在流泪，暗示他我此刻需要他的安慰。但是没想到他还是在上网玩他的游戏，一点儿都不在乎我。

这一刻，我想起了自己讲了这么多年的"爱是包容""爱是允许"已经没有意义，我现在觉得"爱就是看见"。是的，爱就是看见。如果他真的爱我，他应该看得见我的悲伤，他应该来安慰我一下。"看见"这个词像电流一样进入我的心灵深处，我在想如果爱是看见，那我此刻看见他了吗？

此刻，他可能也伤心，他也需要修复，他也有尊严，所以他根本不是在玩游戏，而是通过这样的行为来缓解此刻的尴尬和调节自己的内在情绪。包容和允许只能作为调整我们心态的手段，在生活当中，我觉得真正让我们落地实用的是看见，或者是听见。

于是，我马上去看了一下我身边最爱我的人，我发现他坐在电脑边上，心不在焉地打着游戏，眼睛里充满了焦虑、惆怅和无措。这一刻，他是在通过玩游戏调节自己的情绪，并不是真的不在乎我。我马上从背后拥抱他，并对他说："我们不要再吵架了。"他主动回应了我，并向我道歉。我看见了他心里是有我的，看见了彼此内心的爱，看见了彼此是因为爱而受伤。

长大后虽然我们什么都有了，但似乎丢了自己，让人心酸却又发人深思。人的成长由很多阶段组成，有些人注定只是陪伴成长，所以我们要珍惜爱你的人，别等到我们成熟后，那个爱你的人却早已离去。年轻的我们总是怀疑对方是否爱着自己，因此彷徨无助，可能错过了彼此。结婚多年后，我终于明白了爱是可以被看见，也是需要被看见的。我们的婚姻生活需要看见，看见爱着的那个人的喜怒哀乐，他悲伤时，我们看见了可以给他陪伴；他开心时，我们可以与他共享。当然，他同样也会这样对你的！

每份爱和每段关系，都是有条件的

人与人之间的关系正是如此，当你主动靠近某个人，通常都带有某种目的，可能为了爱情，也可能为了金钱或者人脉资源等。你目的十分明确，甚至已经想好了如何去处理自己与他人之间的关系。这种关系体现了三个层次的交换，分别是物质层次交换、情感层次交换、精神层次交换。

1. 物质层次交换

物质层次交换的情况非常普遍，我们借助一个案例来讲述。王伟一直单身，到了谈婚论嫁的年龄，在家人的催促下，他开始相亲。王伟有自己的要求，他希望另一半可以不漂亮，但是必须学历高；可以懒惰，但是必须要对自己的家人好。与此同时，与王伟相亲的女孩也有自己的要求，她希望自己的结婚对象有稳定的收入，有车有房，要孝敬自己的父母……总之，现实中这样的交换条件是非常常见的，如果条件无法满足，这样的关系或者合作也将戛然而止。

2. 情感层次交换

有些人并不是追求物质，而是期待自己的情感能够得到满足。许欢经历过一次失败的恋情，男朋友移情别恋，最终两个人选择了分手。这件事对许欢的打击非常大。后来，她遇到一个同样经历过失恋的女孩，两个人很快成了闺密。许欢说："她是我的情感归宿！每当我感到痛苦难过的时候，我就特别需要她……她也是，只要她需要我的安慰与怀抱，我就会及时站在她的面前。"她们彼此分享自己的痛苦，有相同的价值观，并且获得了彼此的尊重。其实，她们在情感上都有某个位置的残缺，需要彼此给对方"补给"。当双方的情伤得到了修复，整个人恢复了原来的状态，情感层次交换也就结束了。当然，情感层次交换的结束，并不意味着两个人友谊的终结，因为还有第三个层次，即精神层次交换。

3. 精神层次交换

精神层次交换是一种高级的精神上的交换。有些人渴望寻找一个知己，知己就是灵魂伴侣，不仅能聊得来，而且能产生精神上的共鸣。正所谓"高山流水觅知音"，知音难寻。如果找到情投意合之人，多半会相伴走一生。对于情侣，精神交换是第一位的，双方要有共同的爱好，相同的"三观"，在一起时，才会有一种舒适感。当然，精神层次交换也不完全是永恒的，随着时间和空间的变化，人也会发生变化。

物质层次交换、情感层次交换、精神层次交换也会同时存在。尤其在一个家庭里，三种层次的交换体现了人与人之间的真实关系。曾有朋友向我诉苦，他的妻子经常埋怨他，总觉得他收入太低，该怎么办？如果他还有赚钱的能力，就想办法拼命赚钱，然后将钱交到妻子的手上，妻子也就不会再埋怨他。如果他没有拼命赚钱，也没有与妻子沟通，而是觉得妻子的要求不合理，甚至为此生气。到头来，问题不但没有解决，还影响了夫妻感情。

人在职场也是如此。上司找到你，给你布置任务，这样的关系就是一种物质层次交换，这种关系最大的特点是看得见、摸得着。你要想办法完成工作任务，才能向上司交代。有人问这种上下级关系也能体现"爱"吗？在我看来，爱是一种关系间的有效调节物，或者是感情润滑剂。在上下级关系中，爱体现在信任、宽容、谅解、付出等方面，在家庭关系中同样如此。其实，每一份爱和每一段关系，都是有条件的，这个"条件"是人的需求。爱，可以让人与人之间的关系更加紧密，并让关系中的双方都得到好处。

审视内心，克服脆弱

人的是脆弱的，体现在多个方面，比如生病的人是脆弱的，受伤的人是脆弱的，失败的人是脆弱的，深受打击的人是脆弱的。

马晓红是一名成功的主持人，但她曾经也有一段迷茫、脆弱的时期。几年前，她大学毕业，来到一家地方电视台工作。她是一个非常自信的女生，而且有扎实的专业基本功，唯一欠缺的是工作经验。

最初，马晓红并没有做主持人，而是给其他主持人做助理。她希望有一天自己也站到舞台中央。在做助理期间，曾有人瞧不起马晓红，对她冷言冷语。后来，马晓红终于有了登台主持的机会，她想："如果我这次征服了舞台，就能够证明自己。"然而，事与愿违，马晓红失败了。第一次上台的她紧张得忘了词儿。马晓红挨了批评，内心受到了打击。

在那段调整期，马晓红经常失眠，她感到一种压力和无助，发现了自己在某些方面的弱点。

所以，一个再自信的人身上也会有弱点，也会有不堪一击的时候，要想战胜自己，就要克服身上的弱点。每个人身上都有很多弱点，这些弱点就是脆弱的根源，常见的有以下三个。

（1）为自己开脱，遇到问题时总是把错误归咎于他人，并且迁怒于他人，这种推卸责任的表现证明了你是一个爱逃避的人。

（2）渴望被认同，或者寻求认同感。如果对方不认同你，你就会感到自信心被打击了。如果你没有自信，或者是一个自卑的人，就会更加在乎他人的看法。

（3）伪装自己，让自己看上去更强大。实际上，是你给自己吹了一个"气球"，表面看上去十分强大，但是一捅就破。伪装自己，是一种没有底气的表现。

其实，脆弱给了我们一次审视内心的机会。我们可以问自己："我自信吗？我在乎别人的看法吗？我到底还有哪些缺陷？我能否独立完成某件事情？我会不会控制自己的脾气？我能否将责任承担到底？"

03 生活"心"状态：人生可以很幸福

读到现在，你一定懂了，这不是一本万能的书，因为世上没有一本书让人看了就能"药到病除"。我只是希望用自己的专业知识、人生阅历给遇到问题的你一些小小的建议，甚至只是想告诉你，你遇到的问题不是独一无二的，更不是无解的，而我就是你的陪伴，帮助你成为越来越好的自己。以前我总认为追求幸福太过飘缈，而此刻，我真的希望你能幸福，能够用我告诉你的这些经验，给你勇气和力量。

测试：你情绪里有哪种负能量

你有负能量吗？我是这样回答的："我有负能量，当我生气或者悲伤的时候，工作效率会变慢，无法感受到温暖，无法欣赏美。有时候，我还会迁怒于他人。"负能量让人意志消沉、喜怒无常、脾气暴躁、悲观厌世……甚至还有人充满了暴力。负能量还具有一定传染性。如果遇到了以下这些负能量的情绪状态，该怎么办呢?

1. 意志消沉

如果一个人长期没有成就感，就会遁化于世，浑浑噩噩，精神萎靡不振，做任何事都毫无兴趣。这种人在职场中表现为没有进取心，对人生没有追求，随波逐流，虚度光阴。对于这种人，应该想办法让他们振作起来，找到船的航行方向。只有这样，才能恢复意志力。

2. 喜怒无常

喜怒无常的人要么缺乏安全感，要么缺乏自信。一个有过这样经历的女生说："有段时间我特别敏感，因为感情受挫，我觉得任何一个人都可能出卖我，或者对我不利。"敏感多疑、缺乏安全感的人，就会对外界的刺激做出剧烈的反应。因此，要想摆脱这种"喜怒无常"的状态，就要想办法找到安全感，让自己自信起来。

3. 脾气暴躁

由于现代人生活压力非常大，脾气也变得暴躁。有一个年轻人，他从事营销方面的工作，新冠肺炎疫情期间，由于市场萎缩，订单减少，他总是完不成任务。于是，他非常着急，脾气也见长，总是对自己的团队成员发火，而且像火药桶一点即燃。要想缓解暴躁的脾气，我们要放宽心态，尝试接纳，学会舍得。

4. 悲观厌世

有些人总是悲观厌世，常常天还没有塌下来，自己就悲伤得不行了。德国教育学家亨·奥斯汀说，这世界除了心理上的失败，实际上并不存在什么失败，只要不是一败涂地，你一定会取得胜利的。许多厌世者常说："这个世界糟透了，人们不讲道德，违法犯罪的情况时常发生。"真实的世界是这样的吗？虽然生活中不完全是岁月静好，但是我们能看到很多美丽的事物，以及善良的人。如果世界没有爱，人怎么可能感到幸福？只要换一个角度看待世界，人就会乐观、积极起来。

契诃夫说过，一个人如果缺乏比外界的一切影响更高、更坚强的东西，那么只要害一场重伤风，就足以使他失去常态，使他一看见鸟就认为是猫头鹰，一听见声音就认为是狗叫。在这样的时候，他所有的乐观主义或者悲观主义，以及因而产生的伟大和渺小的思想，就纯粹成了病态，不是别的了。只有摆脱这种病态，人才能收获有意义的正能量。

能控制的就控制，不能控制的就接受

人偶尔发点小脾气是很正常的，只是有些脾气需要我们控制，而不是想发就发的。有学者研究指出：人的大脑中有一个重要的控制中心，负责控制感情，要到成年才能完全成熟。童年时期，孩子任性、发脾气是因为他们无法控制自己的情绪，或者是很难控制。随着年龄的增加，孩子逐渐成熟，其自控能力也就逐渐提高，可以适当控制自己的情绪。控制情绪多数情况下并不难，我们该如何控制自己的情绪呢？

1. 认识自己

认识自己，才能找到自己的优点和缺点。一个不认识自己的人，总是将自己的优点和缺点混淆。极其自卑的人认为自己几乎没有优点，只有缺点；极其自负的人认为自己几乎没有缺点，只有优点。有人说："一个人有多少优点，就有多少缺点。"如果你认识了自己，就能分清自己有哪些优点，哪些缺点。认识了自己，就不会盲目发脾气，也不会因自己的"弱点"而闹情绪。认识了自己，就能找到问题的源头，并通过科学的办法去解决它，从而达到控制情绪的目的。

2. 认识情绪

诗人有了好情绪，才会写出积极阳光的诗篇；画家有了好情绪，才会创作出温暖的绘画艺术作品。如果遭遇了坏情绪呢？有些人会因此做出不理智的行为。曾有位女生因失恋，情绪一直不稳定，有一天她做出了疯狂的举动——醉驾，差点儿造成严重的事故。因此，我们要认识到坏情绪的破坏力。只有认识了坏脾气的危害，才能控制脾气。

3. 放松心情

过度紧张会让人崩溃，放松心情，能让自己感到舒服和快乐。有些人心情不好的时候，就去健身房，通过出汗来发泄情绪。有些人选择听舒缓的音乐缓解紧张的心情，恢复理智。还有些人会放下工作，闭上眼睛，好好睡一觉。不管如何，只要能让你放松心情的方法，就是好方法。

4. 提高人际交往能力

多进行人际交往也是一种缓解负面情绪的好办法。陈洁是一名政府工作人员，工作忙，压力大，因此常常被一些负面情绪所困扰。有朋友建议她可以利用周末时间参加公益活动。于是，陈洁成了一名义工，每周六都会去活动中心，与其他义工一起做公益活动。其间，她认识了许多需要帮助的贫困者，并且与他们逐渐熟悉起来。时间久了，她发现自己的性格变了，不再那么急躁，而且生气的次数也在减少。还有一些人经常参加各种各样有趣的、高雅的聚会，聚会中通过与朋友进行沟通和交流，丢下了内心的包袱，这也能改善自己的性格，控制住自己的坏情绪。

5. 不表现偏见

英国哲学家培根认为，人们喜欢带着极端的偏见在不着边际的自由中使自己得到满足，这就是他们的思想本质。偏见是一种负面情绪，如果我们认识到偏见的危害性，就能让自己不把偏见表现出来。

6. 分散注意力

分散自己的注意力，或者找点题外话转移注意力也可以缓解负面情绪。一个朋友告诉我，他有一种分散注意力的方法，就是当自己的负面情绪即将爆发的时候，马上离开现场。记得有一次，他参加一场企业并购谈判，由于对方临时变卦，谈判非常艰难，一度陷入僵局。他非常生气，在坏情绪即将爆发之际，他选择了离席，半个小时之后，他回到了谈判桌。此时他的坏情绪已经释放完毕，恢复了理智状态，这也避免了给他人留下不好的印象。

除了上述六种方法之外，你也可以找一些其他的方法，帮助你在日常生活中快速缓解负面情绪。

施舍别人，你会因此感到幸福

莫言在小说《生死疲劳》中写道："冤枉！想我西门闹，在人世间三十年，热爱劳动，勤俭持家，修桥补路，乐善好施。高密东北乡的每座庙里，都有我捐钱重塑的神像；高密东北乡的每个穷人，都吃过我施舍的善粮。"施舍是一种怜悯，是一种爱。许多乐善好施的人，都能感受到幸福和快乐。"施"是给予，"舍"是不求回报。施舍是一种智慧，它能给人带来好名声。

施舍的前提是放下，放下就是看清得失，是自己的逃不掉，不是自己的强求也没有用。施舍还包括颜施、言施、心施、眼施、身施、座施、房施。

（1）颜施：与他人相处时，保持微笑。

（2）言施：多说安慰人和鼓励人的话。

（3）心施：打开心扉，接纳他人。

（4）眼施：不另眼相看，要用欣赏的眼光看人。

（5）身施：以行动帮助他人。

（6）座施：学会让座，尤其是在老幼妇孺面前。

（7）房施：把自己的房间让出来，给需要休息的人休息。

如果我们懂得了施舍，就能获得快乐和幸福。

花时间和你爱的人在一起

陈安妮是一名留学博士，工作、收入都非常不错，后来，她找到了男朋友，并且很快就结了婚。有人问："安妮，你为什么找这样一个男人？收入不如你，学历不如你……根本配不上你嘛！"陈安妮说："因为他舍得拿出时间来陪我，愿意花时间与我在一起。"

陈安妮工作很忙，经常半夜才回家。为了让陈安妮吃上热饭，她的丈夫吴先生会在她到家前做好饭菜。当她回到家，就有热乎饭吃。陈安妮非常满足，而且感到幸福。她说："有一年，我休年假，我丈夫工作虽然也忙，但是为了我，他想尽一切办法请了年假，于是我们去了欧洲，痛痛快快玩了十多天，我非常感动。"

其实也有人问吴先生："对于一个男人，不是事业比家庭更重要吗？"吴先生说："相对而言，家庭更重要，工作、事业都是为家庭服务的。在我照顾家庭和我太太的同时，我也在努力工作。只是，我更愿意晚上回到家，与我的太太在一起。"

　　幸福的密码就是陪伴，愿意陪伴自己爱的人，能增进彼此之间的感情，从而相互扶持走得更远。如今，陈安妮是两个孩子的妈妈，她辞掉了工作，选择做一名全职太太。家庭收入减少了，吴先生的压力增加了，但对爱人的陪伴没有减少。陈安妮说："是丈夫让我辞掉工作照顾我们的宝贝的。陪伴他们，才能让他们的身心健康成长。"事实上，为了贴补家用，陈安妮选择一边照顾孩子，一边居家工作。陈安妮和吴先生同时感慨："只有愿意拿出时间陪伴自己爱的人和爱自己的人，才能领悟到爱和幸福的真谛！"

　　下面这个案例中的李娟娟就没有陈安妮那么幸运了，她的丈夫总是出差，一年中大部分时间都在外地。

　　有一年春节，李娟娟的丈夫回家后对她说："实在对不起，我大年初四就要去南方一趟，可能要过了正月十五才能回家。"听到这话，李娟娟非常生气。她劈头盖脸地问丈夫："到底是我重要，还是你的那份工作重要？为什么别人家都能过个好年，而我过不了？到底是怎样的工作让你如此着迷？首先，你的收入不高；其次，你完全可以申请工作岗位调动……"

　　李娟娟的丈夫并不是不可以调整工作，而是因为他喜欢到处跑，才选择了市场营销工作。另外，李娟娟的丈夫总觉得天天待在家里的男人没有出息，有出息的男人就要天南海北到处跑。但是，每当他离开家，李娟娟都非常孤独、害怕。她担心他在路上不安全，担心他吃不好，穿不暖。可是又能怎样？他是一个喜欢闯荡的人，仿佛外面的世界才是他的家。这些年，李娟娟长期过着孤身一人的生活，她甚至想要放弃这场婚姻。

2019 年的冬天，李娟娟将离婚协议放在丈夫面前，此时，李娟娟的丈夫才发现问题，认识到自己太自私了，没有花时间陪伴爱人。

其实，李娟娟的丈夫并不是不爱她，而是太在意自己的感受。后来，丈夫换了工作，不需要出差，天天可以回家。李娟娟的幸福时光终于回来了。

朋友，请多花些时间陪伴自己的家人吧。只有这样，我们才能有归宿，才能让自己的心灵有一个温暖的港湾。

感知当下，利用你的五种感官

人有视觉、听觉、味觉、触觉、嗅觉五种感官，从而能认识世界。对于那些失明的人而言，他们需要"放大"其他的感官来弥补失明所带来的精神创伤。因此，作为健康的人，我们更要珍惜当下，珍惜眼前的事物，珍惜与家人在一起的机会，用感官去发现爱、感受爱、享受爱、分享爱。只有感知当下，才能适应当下，在当下找到幸福。

对微小的事物心存感激

俗话说："勿以恶小而为之，勿以善小而不为！"罪恶不分大小，善行也是如此。

如今人们的生活节奏越来越快，容易变得麻木，忽略身边微小的事物。比如：喜欢养花的人把花插进花瓶后，会善待它，每天换水，认真打理；不喜欢花的人，可能到了花凋谢的时候，才会注意到它，久而久之，不喜欢花的人也会厌倦生活，不再对美好的事物有所向往。

关注并在意那些微小的事物，也是珍惜生活的一种体现。福楼拜曾说：珍惜多好。因为珍惜，我们不再随意发泄，当再次受伤后，我们学会冷静地梳理，然后理智地倾诉；因为珍惜，我们总是怀着一颗感恩的心凝视这个世界并超越世俗的斤斤计较与恩怨相报；因为珍惜，我们找回自信，让那曾经不小心落在红尘中的微笑，重新绽放在心灵深处；因为珍惜，我们爱得更深，给得更多；因为珍惜，我们打破了"唯有被爱才是幸福"的成见。爱是一种能力，被爱的同时更要懂得珍惜爱。

除此之外，生活中有很多小事需要我们感恩。

儿童医院里有一个孩子一直哭闹不停，此时一名护士走上来，微笑地拍着孩子的背，并从口袋里掏出一个小玩具问宝宝："喜欢吗？如果你治好了病，我就把这个小礼物送给你。"正因为这句话，孩子竟然不哭了。来到门诊，接诊的是一位老医生，十分和蔼，脸上一直挂着微笑。诊断完毕之后，他给孩子开处方，然后用手摸了摸孩子的脑袋说："乖乖吃药，三天后就可以跟小朋友玩耍了！"孩子开心得笑了起来。对于这个孩子，护士和医生很小的举动，就让他的行为发生了变化。可见，有些偶遇的小细节可以让你看到人性的善。

如果我们善待并感恩这些微小的事物，我们就能感受到真正的幸福。

欣赏自己的美，不和别人比较

每个人都有自己的优点，我们要善于发现它。现实中，有些人只会欣赏别人，而不会欣赏自己，这是多么可悲的事。心理学家威廉·詹姆斯曾说：人性中最深刻的渴望，是获得他人的欣赏。所以，每个人都渴望被人欣赏。

当没有人欣赏你的时候，该怎么办？那就孤芳自赏吧。其实，孤芳自赏也是一种自我肯定，它能增强你的自信，并让你的生命闪耀光芒。因此，我们不妨用"孤芳自赏"的方式找到自己的优点，收获属于自己的独特美。

1. 发现自己的美

自卑的人总觉得自己丑，是不完美的，应该远离人群。但过于追求完美也是一种心理障碍。我们只有摆正了心态，才能排除一切关于自己"丑"的不利因素，才能正视自己，发现自己的美。

另外，发现自己的美，也就找到了自己的优势。有个原本自卑的年轻人在生活中发现自己特别擅长说话，于是就勇敢地站在摄像机前，录了许多个人秀的微视频，并且传到网上。后来，他发现许多人喜欢看他的微视频，并不断鼓励他，于是他一直坚持到现在。如今，这个年轻人成了国内著名的自媒体博主。

2. 欣赏自己的美

卡耐基说："发现你自己，你就是你！"当我们发现了自己的美，并且开始展示自己，也就意味着我们开始欣赏自己。

黄昆是主持人，她非常自信。但是她在刚刚踏入社会的时候，也曾感到自卑。她是农村走出来的孩子，有一个生活在城市里的表妹，她觉得表妹很漂亮，也很羡慕人家。有一次，一位朋友邀请她们两个人去吃饭。那位朋友偷偷告诉她，她也可以像她表妹一样自信，因为她的五官比她表妹还精致……起初黄昆并不相信朋友的话，只是抱着试试看的态度买了几件时髦的衣服，并换了发型。当她再次见到表妹时，表妹也大吃一惊，夸她很漂亮。那时，黄昆才意识到自己是美的。从那以后，每天早晨黄昆都会站在镜子前欣赏自己，然后再自信地出门。这份自信，也让她工作得越来越顺利，人缘也越来越好。她开始积极地参加各种公益活动，主持公益晚会，她将自己的美和自信带给了观众。如今，黄昆已是一名非常优秀的主持人。

欣赏自己是一门艺术，许多人通过欣赏自己发现了自己的优点和特长，继而走上了属于自己的人生之路。

3. 接纳自己的丑

"金无足赤，人无完人。"人有优点也有缺点，只有欣赏自己的美，接纳自己的丑，才能形成健康的人格。

比萨斜塔在大众眼里是美的，可它是倾斜的；维纳斯女神雕像是美的，可它有断臂。有位哲人说："其实世界上根本没有最美丽和最丑陋之分，完全取决于人的心情。有一句话说得好，世界不是缺少美的东西，而是缺少发现美的眼睛。只要有一个美丽的心情，那么一切都会变得无比美丽。"当你意识到真正的丑陋不是指相貌而是指心灵时，才能发现真正的美。心灵的丑陋才是真正的丑陋，比如一个人总爱妒忌、斤斤计较、爱慕虚荣、贪图富贵等，这才是真正的丑陋。这世上没有绝对的美和丑，美和丑是可以相互转化的。那些相貌丑陋的人，也可以做到心灵美。认识丑陋，接纳丑陋，积极展示人性中的美，就是对丑的消化和对美的诠释。正如莎士比亚所言："有德的妇人，即使容貌丑陋，也是家庭的装饰。"因此，不要害怕丑陋，丑陋只是一种表象而已。

4. 不与他人比美

还有许多人喜欢攀比，在攀比中迷失了自己，甚至引发心理疾病。幸福不是攀比与嫉妒，而是对生活的理解与欣赏：孑然一身是幸福，没有生活琐事的负累，随心所欲地享受自由；年轻是幸福，拥有无限美好的明天和希望；迟暮也是幸福，拥有丰富的经验和可供回忆的阅历。不攀比的人，才能从平淡中感受世界的精彩，才能用平静的心态去看待世界、认识世界。不要追求不属于自己的东西，不要执着于不属于自己的幸福，我们要多关注自己，欣赏自己，攀比只会令人心态失衡。

5. 懂得爱自己

人在刚出生时，每天大概需要 20 小时的睡眠，随着年龄的增长，需要的睡眠时间越来越少，尤其是在精力旺盛的青春期，连续几天熬夜，白天依旧活力四射。但是，30 岁之后就不一样了。

回想起大学生活，最让我骄傲的不是获得各种奖学金和荣誉称号，而是我四年来每天早上五点的早起，那时我的精力真是旺盛，好像每天都有无穷的力量，即使要做很多事情，也从不觉得累。

直到工作后，我成了典型的"熬夜族"，写方案都是在晚上才能出成效，真是应了那句"你以为晚上灵感就来了吗？不，那是对白天的愧疚"。正是因为白天虚度时光，到了晚上觉得自己一无所成，才抓紧时间熬夜。

如今知道了熬夜是百害而无一利，于是，我开始改变自己的作息时间。每天晚上强制自己十二点前上床，并且不带手机。刚开始的时候实在难熬，翻来覆去睡不着。同时，定好了早起的闹钟，闹钟一响必须起床，无论多困。就是这样，我慢慢地调整了自己的生物钟，养成了早睡早起的习惯。

每个人所拥有的时间都是一样的，但是利用时间的方式不一样。爱自己不妨从爱上睡眠开始，因为只有休息好，生活规律，才有更多的精力提高自己的工作效率，熬夜只会让自己的身体变得越来越差。

真正的爱自己不是由着性子为所欲为，而是知道什么是对自己好，什么是伤害自己。纵容自己的贪、懒，只会让自己变得更糟。现在的我已经改掉了熬夜的习惯，而且这种有规律的生活也影响了家人，先生早晨起来开始跑步，孩子在我们的影响下，每天晚上都会在听故事中安然入睡。

朋友，如果一件事你还没有做，请不要轻易下结论；如果一件事你还没有看到成果，请不要轻易放弃。如果你想换种生活方式，从早睡早起开始吧。

睡个好觉，确保精力十足

人的一生，约有1/3的时间是在睡觉中度过的。对于孩子来讲，好的睡眠是成长的基石。于是，父母总会让孩子养成睡觉的好习惯，只有保证了充足的睡眠才能长身体。

《黄帝内经》中写到（引部分）：春三月，此谓发陈，夜卧早起；夏三月，此谓蕃秀，夜卧早起；秋三月，此谓容平，早卧早起；冬三月，此谓闭藏，早卧晚起。这是古人讲究的科学睡眠时间。如今，虽然生活节奏加快，但我们也要注意养成良好的睡眠习惯。

1. 作息规律

每个人都有自己的生物钟，虽然各不相同，但不管如何，大体上的规律是一致的。古人讲的"日出而作，日落而息"就是一种规律。夏天白天长，黑夜短，可以适当晚睡，但是不宜太晚，不要破坏了"阴阳交替"的规律；冬天白天短，黑夜长，可以适当早睡。有人说万一睡不着该怎么办？睡不着，可以闭目养神，闭目养神也比起床看电视好，因为睡前越兴奋越容易失眠。

2. 适当午睡

午睡对人的健康帮助很大，时间不用过长，建议睡半个小时即可。研究表明，午睡有五大好处：巩固人的记忆力；有效保护眼睛，防止眼部肌肉疲劳；增强体质，提高免疫力；促进血液循环和新陈代谢；抗衰老，抗氧化，促进蛋白质的合成。

3. 多运动

生命在于运动，运动不仅可以促进人体新陈代谢，提升身体素质，还可以改善心肺功能，促进睡眠。有一位神经衰弱症患者，就是通过慢跑和骑自行车，改善了睡眠状况。其实，运动还可以减轻工作压力，让你从绷紧的状态变得放松，从而改善睡眠。

坚持下去，只有养成了科学的睡眠习惯，才会有好的精神状态去应对工作和生活。

科学膳食，保持健康

培根曾说："健康的身体乃是灵魂的客厅，有病的身体则是灵魂的禁闭室。"要想身体健康，饮食很重要。我国营养学会制定的《中国居民膳食指南》中有一个原则："食物要多样、饥饱要适当、油脂要适量、粗细要搭配、食盐要限量、甜食要少吃、饮酒要节制、三餐要合理。"

1. 食物要多样

人是杂食动物，肉类、蔬菜、禽蛋、海鲜等什么都吃。不同的食物有不同的营养，要想保持身体健康，就要从广泛的食材中获取营养物质，做到不偏食，不挑食。

2. 饥饱要适当

如今，许多年轻人因工作原因，饮食没有规律，常常是饥一顿饱一顿。如果中午太忙了，可能就不吃午餐了，而是把午餐和晚餐合在一起吃。这种不规律的饮食对人体的伤害非常大。当你感到饥饿时，就适当吃饭，但是不要暴饮暴食。有句老话说："吃饭要吃八分饱。"

3. 油脂要适量

有些人特别喜欢吃油炸食品，或者做菜的时候放很多油，认为吃起来会更香。但是，人若摄入太多油脂则会引起相关疾病，如高血脂等。低脂饮食一直是营养学家所推崇的。当然，人不吃油脂也是不行的，适当摄入油脂，是健康的前提。

4. 粗细要搭配

粗粮细粮都要吃，粗粮富含更多膳食纤维素，对身体代谢有好处。但也不是越多越好，因为粗粮不利于营养吸收，吃太多会造成胃部不适，所以要适当摄入，作为细粮的补充最为适宜。

5. 食盐要限量

大量摄入盐，可引发高血压等疾病。此外，还可能引发头疼、水肿等症状。因此，人体摄入盐的量要严格控制。

6. 甜食要少吃

甜食容易导致人肥胖，并且让人患上相关的疾病。尤其是糖尿病患者，要谨慎摄入糖分。如果偏爱甜食，可以适当吃各种水果，水果不仅富含糖分，而且富含对人体有益的各种微量元素。虽然吃甜食可以给人带来幸福感，但是要少吃，不能多吃。

7. 饮酒要节制

一方面，过量饮酒会对身体造成严重伤害，会损害脑细胞、肝脏、胃、心脏等身体各器官；另一方面，经常饮酒可产生酒精依赖，进而影响人的性格、脾气。醉酒还会让人失态，不利于人与人之间的交往。因此，饮酒要节制，适可而止。

8. 三餐要合理

早餐要吃好，午餐要吃饱，晚餐要吃少。早餐要有营养，"一日之计在于晨"，吃好早餐才能保证一天的工作质量。午餐最好丰盛一些，蔬菜、肉类都要吃，还要摄入适量的碳水化合物，有了饱腹感即可。晚餐要清淡，可选择一些脂肪低、易消化的食物。另外，要根据个人身体状况制订饮食方案，如糖尿病患者最好采取少食多餐。

从现在开始，从自己开始，养成良好的饮食习惯，收获美好的人生。